江西理工大学清江学术文库

"双闪"铜冶炼工艺
热力学仿真

李明周　著

北　京
冶 金 工 业 出 版 社
2022

内 容 提 要

本书主要以"闪速熔炼+闪速吹炼"（简称"双闪"）铜冶炼工艺为对象，介绍了 MQC 渣系组分活度求解算法、化学平衡常数法、最小吉布斯自由能法等火法冶炼多相多元体系热力学的建模方法；介绍了"双闪"铜冶炼工艺的铜闪速熔炼、铜闪速吹炼和阳极炉精炼热力学数学模型的建立、验证等内容；在此基础上，基于所构建模型，分别对铜闪速熔炼过程、铜闪速吹炼过程和阳极炉精炼过程进行了系统热力学仿真分析，考察了工艺参数对冶炼多相演变、元素分配和关键技术指标等的影响。

本书可供从事铜闪速冶金设计、开发、生产的工程技术人员、研究生、科研人员阅读，也可供从事有色金属铜火法冶炼的工程技术人员和生产管理人员参考。

图书在版编目（CIP）数据

"双闪"铜冶炼工艺热力学仿真/李明周著. —北京：冶金工业出版社，2022. 11

ISBN 978-7-5024-9273-1

Ⅰ.①双… Ⅱ.①李… Ⅲ.①炼铜—热力学—系统热力学仿真 Ⅳ.①TF811

中国版本图书馆 CIP 数据核字（2022）第 167889 号

"双闪"铜冶炼工艺热力学仿真

出版发行	冶金工业出版社	电　话	（010）64027926
地　址	北京市东城区嵩祝院北巷 39 号	邮　编	100009
网　址	www.mip1953.com	电子信箱	service@mip1953.com

责任编辑　王　双　美术编辑　燕展疆　版式设计　郑小利
责任校对　王永欣　责任印制　李玉山　窦　唯
北京印刷集团有限责任公司印刷
2022 年 11 月第 1 版，2022 年 11 月第 1 次印刷
710mm×1000mm　1/16；11.5 印张；222 千字；173 页
定价 76.00 元

投稿电话　（010）64027932　投稿信箱　tougao@cnmip.com.cn
营销中心电话　（010）64044283
冶金工业出版社天猫旗舰店　yjgycbs.tmall.com
（本书如有印装质量问题，本社营销中心负责退换）

前　言

　　"闪速熔炼+闪速吹炼"（简称"双闪"）铜冶炼工艺是一种强化清洁冶炼技术，具有高处理量、高富氧浓度、高铜锍品位和高热负荷的冶炼特征。目前由于精矿成分较为复杂，且波动较大，"双闪"铜冶炼工艺中物料的多相演变行为及元素迁移分配规律的确定难度加大，从而不利于该工艺的优化与控制。在此背景下，国内外研究人员针对铜闪速熔炼、闪速吹炼等过程，在物料多相反应热力学、反应动力学、炉内多物理场分布和冶炼渣系等方面开展了机理研究工作，以促进铜闪速冶金工艺的技术进步。基于以上现状，本书以"双闪"铜冶炼工艺为对象，介绍了火法冶炼多相多元体系热力学建模方法，研究建立了铜闪速熔炼、铜闪速吹炼和阳极炉精炼过程热力学数学模型，在此基础上，对"双闪"铜冶炼工艺进行了系统热力学仿真分析，考察了工艺参数对冶炼多相演变、元素分配和关键技术指标等的影响。

　　本书共5章。第1章综述了铜工业发展现状、闪速炼铜技术发展状况、"双闪"铜冶炼工艺及其应用和"双闪"铜冶炼工艺热力学仿真的意义等；第2章主要介绍了化学平衡常数法、最小吉布斯自由能法、元素势法和建模软件及应用等火法冶炼多相多元体系热力学建模方法与手段；第3章主要介绍了铜闪速熔炼物料多相演变行为模拟研究；第4章主要介绍了铜闪速吹炼多相反应热力学仿真分析研究；第5章主要介绍了铜阳极精炼过程热力学仿真分析研究。

　　本书的出版要特别感谢张文海院士、周子民教授、童长仁教授、周俊教授级高工、李贺松教授、闫红杰教授、陈卓教授和李茂副教授的指导。本书所介绍的最新研究成果，也离不开江西理工大学冶金过程模拟仿真研究团队的支持和帮助。本书所涉及的科研项目得到了国家自然科学地区基金项目（项目号：51764018）、国家博士后基金（项目号：2019M662268）、江西省科技厅自然科学基金项目（项目号：20212BAB204026、20171BAB206024）、江西省博士后基金（项目号：20193BCD40019、2018KY15）、江西省双一流学科经费的支持和资助，本书的出版还得到了江西理工大学清江学术文库赞助，在此一并致以诚挚的感谢。

　　由于作者水平有限，书中不足之处，恳请广大读者予以指正。

李明周

2022 年 4 月

目　　录

1 绪 论

1.1 概述

近 30 年来，国内外铜冶炼行业及其工艺技术获得快速发展，多种铜冶炼新技术和装备随之出现，为推进铜冶炼技术进步作出了突出贡献。目前，强化清洁铜冶金技术开发是铜工业的重要发展方向之一[1]。

"闪速熔炼+闪速吹炼"（简称"双闪"）铜冶炼工艺是一种强化清洁冶炼技术，1995 年在美国肯尼科特冶炼厂首次得到工业化应用。"双闪"铜冶炼工艺具有高处理量、高富氧浓度、高铜锍品位和高热负荷（简称"四高"）的强化冶炼特征[2]，与其他火法铜冶炼工艺条件有一定差异。目前，虽然该冶炼工艺在世界范围内得到了快速发展，但精矿成分日益复杂，且波动加大，这使得该工艺中物料的多相演变行为及元素迁移分配规律确定难度加大，从而不利于工艺的优化与控制，急需基础理论方面的进一步研究。尤其是在工业量产条件下，与生产控制紧密相关的工艺操作参数对"双闪"铜冶炼工艺过程的综合影响，仍有待进一步探索清楚。

因此，从揭示"双闪"铜冶炼工艺生产过程中物料多相演变行为和元素迁移分配规律，以及为解决以上问题和提升生产实践操作水平提供理论指导，受到铜冶金工作者的高度关注。

1.2 铜工业发展现状

1.2.1 铜冶炼工业发展概况

铜工业是国民经济的支柱产业之一，与其他行业具有紧密联系。经过几十年的建设和发展，我国铜工业无论在设备创新还是在新工艺研发方面，均取得了举世瞩目的成就，也已形成较为先进和成熟的生产体系，并呈现良好的发展势头。目前，在铜冶炼、铜材生产和消费以及国际贸易等方面，我国已成为全球最具影响力的国家之一，产量连续多年居世界首位[3,4]，已步入铜产业大国行列。虽然我国铜矿储量仅占 3%，但精炼铜产量目前为世界第一。2020 年，中国保持领先精炼铜生产国地位，产量达 1002.5 万吨，远超其他国家，产量占比约为 42%。随着我国精炼铜行业的不断发展，我国精炼铜产量也是逐年增加。据资料显示，

2021年我国精炼铜（电解铜）产量为1048.7万吨，同比增长4.6%。中国铜工业的主要铜冶炼企业有铜陵有色金属集团股份有限公司、山东祥光集团、江西铜业集团有限公司、金川集团股份有限公司、紫金铜业有限公司、云南铜业股份有限公司、大冶有色金属集团控股有限公司、浙江和鼎铜业有限公司和山东方圆有色金属集团公司等，这些冶炼企业经过多年的发展和技术升级改造，均采用了较为先进的冶炼工艺。

1.2.2 铜冶炼工艺发展现状

根据铜矿资源赋存状态性质的不同，研究和生产技术人员不断地对现有炼铜技术和装备进行革新，铜冶炼工艺呈现多样式的发展景象，各种与新工艺配套的炼铜新设备和新技术不断出现。

铜冶炼工艺按干湿分类，可分为火法和湿法两种。因在成矿过程中铜元素具有天然的亲硫属性，世界上大部分的铜矿资源为硫化矿，从充分利用自身反应热的角度看，火法炼铜工艺对该类矿的冶炼具有得天独厚的技术优势。因此，至今仍以火法为主，其产能约占世界铜总产量的85%，而湿法仅占15%左右[1]。湿法炼铜工艺通常用于处理氧化铜矿、低品位废矿和复杂难选矿[5]。

铜冶炼工艺按强化程度划分，可分为传统冶炼和强化冶炼两类[6]。随着冶炼行业对效能指标和环境指标的日益重视，以鼓风炉、反射炉等为典型代表的传统铜冶炼工艺因为效率低、能耗高和环境污染等问题，已逐步被高效、节能和低污染的强化冶炼工艺取代。强化铜冶炼工艺按反应物料的接触方式划分，又可分为闪速悬浮冶炼和熔池冶炼两大类。两者反应原理类似，都是在高温、富氧气氛条件下完成铜冶炼过程，主要区别是闪速冶炼采用粉状物料，且随富氧空气在反应塔内高速下落，并快速完成反应过程，是典型的气固强化冶炼过程，该反应体系的连续相是气相，反应动力学条件较好；熔池冶炼则主要是通过向熔池内鼓入富氧空气，并在熔池内完成造锍、造渣等冶炼反应，是典型的气液反应过程，该反应体系的连续相是液相[7]。

随着传统火法炼铜工艺已经或趋于淘汰[6]，目前成熟可靠并适宜大规模生产的铜冶炼工艺有"双闪""闪速熔炼+PS转炉吹炼""底吹熔炼+PS转炉吹炼""顶吹熔炼（ISA和Ausmelt）+PS转炉吹炼""三菱法连续炼铜""侧吹熔炼+PS转炉吹炼""双侧吹"等。其中，"双闪"铜冶炼工艺于1995年在美国肯尼柯特铜冶炼厂顺利投产问世，历经20余年的发展，已成为一种稳定高效的强化铜冶炼技术，因其具有节能、环保、高效的巨大优势，成为当今铜冶炼的主流工艺之一[6]。国内山东祥光铜业有限公司、铜陵有色金冠铜业分公司、广西有色金属公司等企业先后采用了"双闪"铜冶炼工艺。目前，该工艺在中国的电解铜累计年产量近150万吨，占国内铜产能近20%。因此，系统研究"双闪"铜冶炼工艺，对促进该工艺发展具有重要的理论指导意义和应用价值。

1.2.3　我国铜冶炼行业存在的主要问题

随着我国工业、经济的快速发展，其对铜原材料的需求量日益加大，促使我国的铜冶炼产能需求日益增加，加之铜冶炼设备和技术的进步，我国逐渐成为铜冶炼产业大国。然而，与其他有色金属冶炼产业一样，目前我国铜冶炼行业也逐渐呈现"两头小、中间大"的不利局面。近几年铜冶炼企业产能均呈现过剩状况，然而却有80%~90%的铜矿资源和大量高附加值铜产品长期依赖进口，并且国内大多铜冶炼企业却仍在追求产能提高，使得阴极铜实际产能居高不下，铜价格降低，生产经济效益下降[8]。

长期以来，我国铜冶炼行业在技术和装备的自主创新方面稍有欠缺，大部分核心技术和装备仍依赖进口[1]。另外，近年来，在再生铜和二次资源综合利用方面，虽然我国已经取得了一些具有自主知识产权的新技术和装备方面的突破，但仍然存在资源综合回收率偏低、环境污染较为严重等问题。

另外，为加强冶炼行业的"三废"问题和环境治理，国家相继出台了系列新措施和新标准，铜冶炼企业的"三废"治理问题也日益引起业内重视。在此大背景下，我国铜冶炼企业通过几年来的资金投入、新技术研发等多种措施并举，已取得了初步成绩，但有关"三废"治理的整体工艺、设备和技术水平偏低，"三废"中伴生资源利用率还不高。

目前，我国铜冶炼企业智能化和信息化总体水平不高，虽然一些大中型铜冶炼企业的主要生产工序已具备 DCS 数字化控制条件，但其功能挖掘和使用效能不高。因此，铜冶炼的智能化和信息化发展还有很大的发展空间。尤其是在互联网、信息化和智能化技术需求日益广泛的新时代背景下，基于企业已有的 DCS 数字化和自动化条件，我国铜冶炼企业应进一步研究、补充适应生产实践的各类"数学模型"，研发智能化控制和工艺过程优化的相关技术[1]。

1.3　闪速炼铜技术概述

1.3.1　铜闪速熔炼

闪速熔炼是将湿基的混合铜精矿采用蒸汽干燥机脱水后，得到含水小于0.3%的干基混合铜精矿粉末，然后与石英熔剂粉末充分混合，采用置于闪速炉反应塔顶部的中央喷嘴，与富氧空气一起高速喷入反应塔内，精矿颗粒达到着火点后，发生自热反应，形成高温环境，促使混合铜精矿、熔剂和富氧空气之间的物理化学过程持续快速发生，并不断生成由铜锍和熔炼渣组成的"微熔池"熔体，落入闪速炉底大熔池内，继续进行熔池熔炼、渣-锍澄清分离等冶金过程，反应产生的高硫烟气，经设置在炉体一侧顶部的上升烟道送余热锅炉和收尘系统，余热回收和收尘后送制酸工序[9]。闪速熔炼具有反应效率高、环保性能好、炉体寿命长、产能大和易于实现自动化等优点[10]。但是，由于该熔炼技术必须使用粉状原料，导致其在原料适应性上优势不如熔池熔炼，另外，粉状物料的冶炼过程会使烟尘率偏高，烟气 SO_3 发生率升高。特别是在"四高"的强化熔炼条件下，这些问题尤为突出。此外，闪速熔炼系统的建设投资通常比熔池熔炼要大，据统计，我国新建的 3 个"双闪"铜冶炼厂，建设投资均在 60 亿~70 亿元[11]。

目前，闪速熔炼主要炉型有奥托昆普闪速炉、因科闪速炉和金川铜合成炉[12]。其中，奥托昆普闪速炉是由芬兰的 Outotec 公司开发[10]，经过几年时间的持续改进，在 1949 年正式问世[13]。奥托昆普闪速炉应用广泛，据不完全统计，在 60 余年中，有近 50 个生产许可证被 Outotec 公司出售到了世界各地，现在已经在 20 多个国家和地区被使用[10]。采用闪速熔炼技术生产的铜大约占全世界的 30%以上。国内采用奥托昆普闪速炉进行造锍熔炼的炼铜企业，主要有江西铜业集团有限公司贵溪冶炼厂、金隆铜业有限公司、阳谷祥光铜业有限公司、铜陵有色金属集团股份有限公司金冠铜业分公司、紫金铜业有限公司等[7]。

奥托昆普闪速炉主要由反应塔、沉淀池和直升烟道三大部分组成，如图 1-1 所示。反应塔呈圆筒形，由塔顶和塔壁（又分上、中、下三段）组成。反应塔的塔顶厚 400mm，有 4 个精矿喷嘴均匀地分布在塔顶中环平台上。为了使塔顶与塔壁的耐火砖分离，塔顶耐火砖被三圈同心水冷梁通过构架吊挂起来。沉淀池由池底部、侧墙和拱顶组成，除拱顶之外的部分都是由钢板围成的，其中四面侧墙都向外倾斜了 10°。11 个重油烧嘴分布在渣线区上面，4 个点检孔分布在两端墙

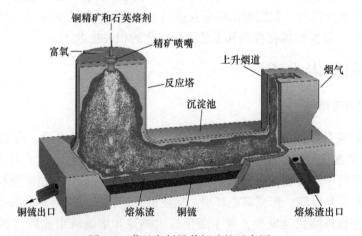

图 1-1 芬兰奥托昆普闪速炉示意图

上，侧墙上设有 6 个菱形铜锍放出口，端墙上设有 2 个带铜水套的出渣口。直升烟道由顶部、侧墙、后墙和连接部组成，是闪速炉烟气的通道。烟道顶部分为斜顶部分和平顶部分，都是用普通烧成铬镁砖砌筑成的。直升烟道侧墙砌筑普通铬镁砖，上面开有重油烧嘴孔、点检孔和操作孔，烟气出口处的黏结物可以用烧油的办法来融化掉[14]。

经过近 70 年的持续改进和发展，闪速熔炼逐渐成为在铜镍强化冶炼领域具有较强竞争力的冶炼技术，并且成为清洁冶炼生产的可选标准工艺[15,16]。目前，在世界范围内，无论是新建铜镍的冶炼厂还是旧厂改造，大部分都会优先采用闪速熔炼技术[17,18]。

1.3.2 铜闪速吹炼

由美国肯尼柯特冶炼厂和奥托昆普公司共同研发的铜锍吹炼技术在肯尼柯特冶炼厂正式投产应用后，投料速率可达 82t/h，最大铜锍能力可达 1800t/d。该厂的生产实践表明，闪速吹炼技术的应用将闪速炼铜工艺中 S 的捕集率由 95%提升到 99.9%以上，而吨铜能耗却只有原工艺的 25%[19]。在生产设备方面，虽然闪速吹炼工艺系统需要配置铜锍水淬、干燥、研磨等辅助设施及操作，但由于转炉工艺中的行车吊运设施和冷却净化烟气的配套设备在此工艺中不再需要，因此基础建设投资比 PS 转炉工艺减少了 35%，经济效益显著。

闪速吹炼属于悬浮吹炼，与闪速熔炼在一定程度上类似，是一种密闭的吹炼技术。闪速吹炼要把熔炼炉产出的高品位铜锍（含铜 68%～70%）进行高压水淬，用铜锍磨设备磨细，再进行干燥脱水，最后经浓相输送到炉顶料仓。经过处理的铜锍粉末、石灰、烟尘与氧气浓度为 75%～85%的富氧空气（肯尼柯特冶炼厂闪速吹炼炉富氧浓度高达 84%，阳谷祥光铜业公司和铜陵有色金冠铜业分公司的富氧浓度则控制在 80%左右）一起从反应塔顶喷入塔内[20]。铜锍粉末颗粒具有较大的比表面积，在强氧化气氛下铜锍中的硫化亚铁以及铅、锌、铋等杂质的氧化过程只需要大约 3s 就可以完成。吹炼过程中以 CaO 为熔剂进行造渣反应，得到主要 FeO 成分并含有部分杂质元素和少量铜的炉渣。过氧化的 Cu_2O 与未氧化的 Cu_2S 发生交互反应，得到纯度约为 99%的粗铜。得到的粗铜送往阳极精炼，吹炼渣分流返回熔炼炉和吹炼炉，产出的烟气经过余热锅炉、电收尘器后稀释送制酸。铜闪速吹炼工艺流程，如图 1-2 所示。

与使用百余年的 PS 转炉吹炼工艺相比，闪速吹炼工艺有着以下优势：

（1）建厂投资较低，单炉生产能力强。1 台直径 4m 高 6.5m 的小型闪速吹炼炉就可以替代 3~8 台直径 4m 长 13.6m 的 PS 转炉。同时，闪速吹炼使用富氧空气，产出烟气量小且 SO_2 浓度高，使得吹炼烟气处理和制酸设备的尺寸都比较小。

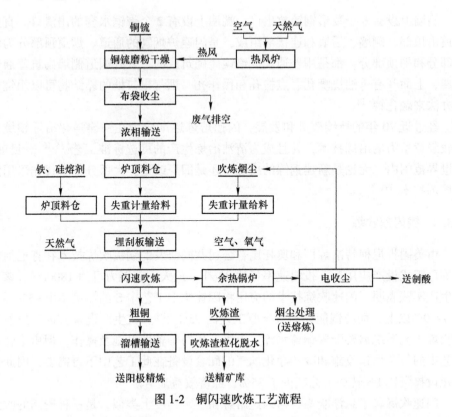

图 1-2 铜闪速吹炼工艺流程

（2）环境污染低。由于 PS 转炉是开放式的，炉口不可避免地会泄漏 SO_2 烟气，而在包子吊车运输铜锍和粗铜的过程中也会产生 SO_2 烟气。而闪速吹炼采用封闭操作没有转炉操作时的低空污染，制酸烟气量稳定。采用"双闪"铜冶炼工艺 SO_2 固化率可以达到 99.8%，而采用"闪速熔炼+转炉吹炼"最高的 SO_2 固化率为 99.3%。由此可见，闪速吹炼比转炉吹炼工艺 SO_2 总排放量可减少 25%以上。

（3）生产成本低，生产效率高。闪速炉把高品位铜锍粉末吹炼成粗铜，使用的是富氧低压鼓风（10~15kPa），不但可以实现吹炼过程的自热，而且烟气量极大地减小、耐火材料消耗降低，与 PS 转炉相比，生产成本可以降低 10%~20%。随着近年来"双闪"工艺技术的革新，劳动生产效率大幅提高，1 台闪速熔炼炉+1 台闪速吹炼炉，铜产量可以达到 30 万~50 万吨/年。

（4）对熔炼炉的适应性强。闪速吹炼炉可以处理来自闪速炉、电炉、鼓风炉、诺兰达炉、奥斯麦特炉和艾萨炉等各种熔炼炉的铜锍，对铜锍的品位和杂质含量没有特殊的要求。闪速吹炼不可避免的存在粗铜中 S 含量偏高的问题，而 PS 转炉产出的粗铜 S 含量普遍在 0.05%以下，因此，阳极精炼过程中必须要适当提高氧化强度或者延长氧化时间[20]。

虽然闪速吹炼工艺有 PS 转炉工艺不可替代的优势，但同样也存在着不足之处。由于闪速吹炼的炉料必须要制成粒径比较小的粉末，使得该吹炼炉无法直接处理块状废杂铜和铜电解产生的残极，如果采用该工艺必须额外配备其他设备（比如竖炉或倾动炉等），因此，闪速吹炼工艺缺点是处理能力单一。

1.4 "双闪"铜冶炼工艺及其应用

1.4.1 "双闪"铜冶炼工艺概述

"双闪"铜冶炼工艺流程如图 1-3 所示。该工艺对入炉物料粒度和水分含量的要求较高，通常各批次铜精矿在配料仓中先与石英砂、渣精矿和吹炼渣等其他原料按照一定的比例进行配料，并经过蒸汽干燥后得到混合干矿。混合干矿输送至炉顶干矿仓与返尘一起经风动溜槽混合，由反应塔顶部的精矿喷嘴喷入闪速熔炼炉中，产出铜含量 68%左右的铜锍、熔炼渣和含尘烟气。熔炼渣送渣场缓冷，而后经破碎、球磨和浮选，得到的渣精矿返回闪速熔炼炉，尾矿外售[21]。铜锍进行水淬，由捞铜锍机捞取收集后，输送至穹顶式铜锍堆场进行配料贮存和脱水。

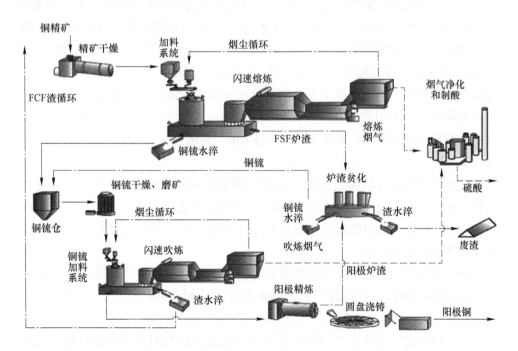

图 1-3 "双闪"铜冶炼工艺流程

铜锍堆场存储的铜锍经过铜锍磨研磨，可得到水分小于 0.3% 的铜锍粉，铜锍粉采用气流输送方法，输送至闪速炉炉顶铜锍仓，铜锍粉末和生石灰一起由铜锍喷嘴加入吹炼反应塔。吹炼得到的粗铜输送至阳极炉。吹炼渣进行水淬并运输至精矿库，再经过配料返回闪速熔炼炉。

粗铜在阳极精炼炉内经过脱硫、脱氧过程，产出的铜液采用圆盘浇铸机浇铸成阳极板。冷却成型的阳极板再进行电解精炼，产出阴极铜和阳极泥等。电解过程的残极在竖炉中熔化，并返回圆盘浇铸机重新浇铸成阳极板。

闪速熔炼和闪速吹炼产出的含尘烟气经过余热锅炉冷却除尘，再由其他收尘系统器进一步除尘后，混匀进入制酸系统，产出的烟尘分别返回闪速熔炼与闪速吹炼炉顶烟尘仓，与原料一起加入闪速炉[21]。

1.4.2 "双闪"铜冶炼工艺应用

早在 1969 年，奥托昆普研究中心在半工业试验闪速吹炼炉中，第一次生产出了粗铜。之后的扩大研究一直在进行，直到 1995 年 6 月，年处理 1000kt 铜精矿的"双闪"铜冶炼工艺在美国肯尼柯特冶炼厂投产。由于采用了这种新工艺，该厂成为了当时世界上最清洁的铜冶炼厂。

继美国肯尼柯特冶炼厂之后，我国的祥光铜业有限公司是世界上第二个采用"双闪"铜冶炼工艺冶炼厂，其设计规模为年产 40 万吨阴极铜，从 2005 年 9 月开工建设，历经两年多的建设、分阶段试生产，2007 年 11 月生产全线打通，并于 2008 年 4 月实现达标生产[22]。至此，"双闪"炼铜工艺在中国获得成功工业化应用，该企业也成为当今世界上清洁、高效的现代化炼铜企业之一[15]。祥光铜业有限公司所采用的"双闪"炼铜工艺主要包括蒸汽干燥、闪速熔炼、闪速吹炼、回转式阳极精炼、永久不锈钢阴极电解、高浓 SO_2 转化制酸、卡尔多炉回收贵金属等工序[8]。

在借鉴肯尼柯特和祥光铜业"双闪"铜冶炼项目设计与生产实践等方面经验的基础上，年产能同样为 40 万吨阴极铜的铜陵有色"双闪"铜冶炼项目，由中国瑞林工程技术有限公司设计和总承包，于 2010 年 3 月开工建设，并于 2013 年 2 月产出首批阴极铜[21]。

2012 年 2 月 18 日由金川集团股份有限公司独立投资的广西金川有色金属有限公司 40 万吨/年"双闪"铜冶炼项目开工建设，2013 年 11 月 30 日正式投产。

以上国内冶炼企业为"双闪"铜冶炼工艺的中国化打下了坚实基础，也对"双闪"铜冶炼工艺的技术进步和创新发展作出了突出贡献。

1.5 铜闪速冶炼技术发展与仿真研究现状

1.5.1 铜闪速冶金工艺技术发展

1949 年工业化应用的奥托昆普闪速炼铜技术，有力推动了国内外铜冶炼技术的发展，目前闪速熔炼所生产的金属铜已占世界矿产铜产量的 50% 以上。然而，铜锍吹炼技术仍然由 PS 转炉吹炼占主导，至今已有 100 多年的历史，虽然具有简单、可靠和原料适应性强等优点，但也存在作业不连续、烟气 SO_2 浓度低、SO_2 烟气低空污染等问题。为了解决 PS 转炉吹炼存在的这些问题，20 世纪 70 年代以后出现了连续吹炼工艺，如三菱熔池吹炼和肯尼科特闪速吹炼等，其中，闪速吹炼工艺以其环保好、产能大、硫捕集率高、易实现自动化等优势，近 10 年来在中国发展迅速，成为重要的铜锍吹炼工艺技术。PS 转炉、闪速吹炼炉等吹炼出来的粗铜，除了含有较高的硫及氧之外，还含有铅、锌、砷、锑、铋等少量有害元素，这些元素会对后期阴极铜的电解精炼工艺产生不利影响，严重时影响阴极铜质量。所以国内外大都先进行阳极炉火法精炼，再进行电解以生产出合格的高纯阴极铜[23]。为解决传统火法精炼的作业时间长，燃料消耗多，黑烟污染大，设备生产效率低等问题，山东祥光铜业有限公司自主研发出无氧化无还原火法精炼铜新工艺[24]；此外，该公司与奥地利 Mettop 公司合作研发出节能、高效、强化电解平行流技术，实现了高电流密度电解[25]。

此外，随着金属铜产量和消费量的提高，世界铜精矿的含铜品位呈下降的趋势，而含 Pb、Zn、As、Sb、Bi、Ni 等杂质元素较高的复杂铜精矿的量逐年提高，给铜冶炼的产品质量和环保控制带来较大压力；同时，铜冶炼技术的发展使"四高"强化熔炼技术成为主流，"四高"强化熔炼的作业条件也会对"双闪"铜冶炼工艺过程中的物料演变及杂质元素迁移分配等产生一定的影响。因此，要实现"双闪"铜冶炼工艺过程的优化控制，有效调控杂质元素在产物中的分配行为，低成本产出优质阴极铜产品，同时实现有价伴生元素的综合利用和有害杂质元素的减排处理，需要对该工艺过程的物料多相演变行为和元素迁移分配规律进行深入研究，从而为"双闪"铜冶炼工艺高效能运行提供理论基础[23]。

1.5.2 铜闪速冶金仿真研究现状

针对铜闪速熔炼、闪速吹炼等过程，国内外研究人员先后在物料多相反应热力学[26~32]、反应动力学[33~38]、炉内多物理场分布[39~47]和冶炼渣系[48~54]等方面开展了机理研究工作；此外，也有科研人员将冶炼过程视为黑箱，基于生产数据或实验数据，采用数据归纳总结方法，研究了物料在单个冶炼系统的输入、输出[55~58]。这些针对铜闪速冶金过程的仿真研究，有力推动了该铜闪速冶金工艺的技术进步。

1.5.3 铜冶炼热力学仿真的必要性

以"双闪"铜冶炼工艺过程为对象，基于冶金反应工程学、流程工程学等原理，分别构建铜闪速熔炼、闪速吹炼、阳极炉精炼等过程的数学模型，通过多因素模拟试验，考察多种工艺参数对冶炼过程的影响，为揭示该冶炼工艺物料多相演变行为及元素迁移分配规律、优化工艺操作条件和节能减排等提供理论依据和决策支持，对铜冶炼工业的信息化和精细化发展具有一定的科学价值和应用价值。

2 火法冶炼多相多元体系热力学建模方法

2.1 概述

火法冶炼的物料演变和元素分配行为等问题至关重要，然而，火法冶炼过程通常是多相多组分复杂反应体系，常规实验研究成本高、难度大、重现性不好。为降低研究成本和提高研究效率，仿真模拟方法是重要的可选研究手段之一，其核心是仿真数学模型构建。

通常多相多元火法冶炼系统的数学模型主要由产物组成计算模型和热平衡计算模型两部分组成，前者用以完成未知物料量、产物量和产物组成等的计算，后者用以完成冷却水流量、燃料量等的计算。其中，产物组成计算模型是一组用于描述相应火法冶金过程的数学方程，可分为机理模型、经验模型和混合模型。机理模型构建的依据是体系的质量和热量守恒、多相平衡等基本原理；经验模型则通过协同体系物质的质量守恒关系和生产经验数据来构建；混合模型构建是在体系质量守恒基础上，将机理模型和经验模型两种方法相互结合来实现。

产物组成机理模型通常要对火法冶炼系统进行多相反应热力学解析，即在一定的温度和压力下，基于质量守恒和多相反应热力学原理求解各平衡产物组成，其基本建模方法有3种，即化学平衡常数法、最小自由能法和元素势。它们的基本原理类似：均根据体系的多相反应平衡条件以及元素的质量平衡关系，构建多元非线性方程组（即数学模型），进而采用某种算法对数学模型进行求解，从而获得各平衡产物相组成[59]。

本章重点介绍火法冶炼多相反应体系产物组成机理模型的建模方法，详细介绍各方法的建模原理和求解算法，并讨论各方法的优缺点，进而介绍目前常用的热力学建模计算商业软件及其应用情况，为后续"双闪"铜冶炼工艺物料多相演变和元素分配行为规律等的研究奠定方法和软件基础。

2.2 建模原理与方法

2.2.1 建模原理

根据热力学第二定律，当火法冶炼多相多组分封闭体系达到平衡状态时，系统总的吉布斯自由能最小[1]。此时该体系达到两个平衡状态：化学平衡和相平衡[59]。

基于热力学定律，火法冶炼体系的熵变与热量、温度之间满足式（2-1）的关系：

$$dS \geqslant \frac{\partial Q}{T} \tag{2-1}$$

式中，T 为体系温度；S 为熵值；Q 为热值。

对于式（2-1），非可逆、可逆反应分别用不等号、等号。式（2-1）可用来判断反应体系是否达到平衡态。

假定该体系不存在外界影响，此时，独立反应体系的不可逆反应通常是自发过程，且 $\partial Q = 0$[59]。由式（2-1）可知：

$$dS > 0 \tag{2-2}$$

当反应体系的熵变值等于 0 时，表明该独立反应体系已达到平衡态，即：

$$dS = 0 \tag{2-3}$$

采用式（2-2）和式（2-3）所表示的熵变关系（即熵增原理），可以判断火法冶炼体系自发反应的方向和限度。当 $dS > 0$ 时，反应体系的总的熵变值在逐渐增大，表明该反应过程是自发进行的；当 $dS = 0$ 时，反应体系的熵变值没有发生变化，表明该多相多元反应体系处于平衡态。

在恒温恒压和无外界做功条件下，当反应体系达到平衡态时，存在式（2-4）所示的热力学关系：

$$dG + SdT - Vdp \leqslant 0 \tag{2-4}$$

$$dG = -SdT + Vdp + \sum_{i}^{C} \mu_i dn_i \tag{2-5}$$

式中，G 为吉布斯自由能；p 为压强；V 为体积；i 为组分索引；C 为组分数；μ 为某组分的化学势；n 为某组分的物质的量。

根据式（2-4）和式（2-5）可推导得到式（2-6）的关系：

$$\sum_{i}^{C} \mu_i dn_i \leqslant 0 \tag{2-6}$$

如果某冶炼过程是多相反应体系，则式（2-6）可转化为式（2-7）：

$$\sum_{f=1}^{F} \sum_{i=1}^{C} \mu_i^{(f)} dn_i \leqslant 0 \tag{2-7}$$

式中，f 为相索引；$\mu_i^{(f)}$ 为 f 相中 i 组分的化学势；F 为相数。

经转化后，可采用式（2-7）判断某个复杂反应体系是否达到平衡态。当式（2-7）左右两边为等号时，反应体系达到平衡态；当为小于号时，体系处于非平衡状态。换言之，多相多组分体系的反应过程总是向自由能减小方向进行，直至总自由能最小。

当某个多相多组分复杂体系达到相平衡、化学反应平衡时，i 组分在体系的各平衡产物相中化学势相同。此时 i 组分在各相中的化学势满足式（2-8）所示关系：

$$\mu_i^{(1)} = \mu_i^{(2)} = \mu_i^{(3)} = \cdots = \mu_i^{(f)} \tag{2-8}$$

2.2.2 建模方法

根据以上建模原理，研究人员通常采用化学平衡常数法[60~62]、最小吉布斯自由能法[59,63~65]和元素势法[66~69]等来构建多相多元体系的多相平衡数模。三种建模方法均以所研究系统平衡态的自由能最小为依据，然而各方法的平衡条件计算稍有差异。第一种需已知所研究体系的组分数量、物相状态和反应方程等，计算精度高，但是计算收敛性要求严格；后两种算法不需要建模人员事先确定所研究体系内可能发生的化学反应方程，建模和计算过程简单，然而所建立的模型计算量大，且只有收敛条件严格时才能达到预期目标。

以下对三种建模方法进行详细描述，从而为后续"双闪"铜冶炼工艺多相物料演变行为的准确计算奠定模型及其求解算法的理论基础。

2.3 化学平衡常数法

化学平衡常数法是在恒温恒压条件下，火法冶炼体系达到平衡态时，在给定各元素总摩尔数后，通过确定系统内可能发生的独立化学反应，构建多相多元数学模型（非线性方程组），并采用合适的求解算法，求解模型得到平衡产物组成。

2.3.1 数学描述

假定某个多相多元反应体系包含的元素种类数和组分数分别为 N_e 和 N_c，根据相律，该体系独立反应数可用 $N_b = N_c - N_e$ 表示，并可用式（2-9）表示：

$$V_{j,i} A_{i,k} = B_{j,k} \tag{2-9}$$

式中，$V_{j,i}$ 为化学计量系数矩阵；$A_{i,k}$ 为独立组分的分子式矩阵；$B_{j,k}$ 为从属组分的分子式矩阵；下角 i，j，k 分别为独立组分数、从属组分数、元素种类数。

独立组分是在某个多相反应体系中存在的一组非线性相关的分子式向量，由这些线性无关的向量所组成的化学平衡反应可构成独立反应方程组。除了独立组分外，由独立组分可产生一些其他组分，称之为从属组分，从属组分反应平衡常数 K_j 为：

$$K_j = \exp\left(-\frac{\Delta G_{bj}^{\ominus} - \sum V_{ji} \Delta G_{ai}^{\ominus}}{RT}\right) \tag{2-10}$$

式中，$\Delta G_{ai}^{\ominus}$ 表示 i 独立组分的标准自由能；$\Delta G_{bj}^{\ominus}$ 表示 j 从属组分的标准自由能；R

表示气体普适常数。

对于反应达到平衡态的冶炼系统，可用式（2-11）表示该体系中独立组分和从属组分的关系：

$$n_j = \frac{n_{m,j}}{\gamma_j} K_j \prod_i \frac{\gamma_i n_i}{n_{m,i}} \qquad j = 1, 2, \cdots, N_b \qquad (2\text{-}11)$$

式中，n_i 为 i 组分物质的量；n_j 为 j 组分物质的量；γ_i 为 i 组分活度因子；γ_j 为 j 组分活度因子；$n_{m,i}$ 为 i 组分所属相的物质的量；$n_{m,j}$ 为 j 组分所属相的物质的量；下角 m 为产物相索引。

该反应体系的元素质量守恒关系可用式（2-12）表示：

$$n_k = \sum_i A_{i,k} n_f + \sum_j B_{j,k} n_f \qquad k = 1, 2, \cdots, N_e \qquad (2\text{-}12)$$

式中，n_k 表示 k 元素的物质的量。

此外，m 相中各组分总物质的量 n_m 可用式（2-13）计算获取：

$$n_m = \sum_{i(m)} n_i + \sum_{j(m)} n_j \qquad (2\text{-}13)$$

式（2-10）~式（2-13）所构成的非线性方程组即为利用化学平衡常数法构建的多相平衡数学模型。

2.3.2 求解算法

假定某个火法冶炼体系的相数和组分数分别为 F 和 C，根据式（2-10）~式（2-13）所示的模型变量关系可知，该模型是由 $F + C$ 个非线性方程组成的方程组，其中，待求变量有 $n_i + n_j + n_m$ 个。该系统的平衡各产物相及其组分的摩尔数可通过求解以上数学模型获取。在对非线性方程组形式的数学模型进行求解时，通常采用 Newton-Raphson 迭代法。算法原理如下：

对于一个 n 元非线性方程组可用式（2-14）表示：

$$f(X) = \begin{bmatrix} f_1(X) \\ f_2(X) \\ \vdots \\ f_n(X) \end{bmatrix} = 0, \ X = \begin{bmatrix} x_1 \\ x_2 \\ \vdots \\ x_n \end{bmatrix} \qquad (2\text{-}14)$$

假设 X 为式（2-14）的一组解，X_0 为近似解，并且 $f(X)$ 在 X 附近可导，利用泰勒公式展开式（2-14），可推导得到式（2-15）所示的关系式：

$$f(X) = f(X_0) + Df(X_0)(X - X_0) \qquad (2\text{-}15)$$

式（2-15）中，$Df(\boldsymbol{X}_0)$ 称 Jacobi 矩阵，可表示为式（2-16）：

$$\boldsymbol{J} = Df(\boldsymbol{X}_0) = \begin{bmatrix} \dfrac{\partial f_1}{\partial x_1} & \dfrac{\partial f_1}{\partial x_2} & \cdots & \dfrac{\partial f_1}{\partial x_n} \\ \dfrac{\partial f_2}{\partial x_1} & \dfrac{\partial f_2}{\partial x_2} & \cdots & \dfrac{\partial f_2}{\partial x_n} \\ \vdots & \vdots & \ddots & \vdots \\ \dfrac{\partial f_n}{\partial x_1} & \dfrac{\partial f_n}{\partial x_2} & \cdots & \dfrac{\partial f_n}{\partial x_n} \end{bmatrix} \tag{2-16}$$

若 Jacobi 矩阵非奇异，则可得唯一解 $\boldsymbol{X}_1$，如式（2-17）所示：

$$\boldsymbol{X}_1 = \boldsymbol{X}_0 - \left[Df(\boldsymbol{X}_0) \right]^{-1} f(\boldsymbol{X}_0) \tag{2-17}$$

求解矩阵时，第 k 次迭代后，所得的解可用式（2-18）表示：

$$\boldsymbol{X}_k = (x_1^{(k)}, x_2^{(k)}, \cdots, x_n^{(k)})^{\mathrm{T}} \qquad k = 0, 1, 2, \cdots, n \tag{2-18}$$

用式（2-19）所示的误差函数 e_k 判别该非线性方程的解：

$$e_k = \|f\| = \sqrt{\sum \left[f(x_k) \right]^2} \tag{2-19}$$

式中，$\|f\|$ 为欧几里得范数，当 $e_k \to 0$ 时，则 $f_i(x_k) \to 0$。

在求解过程中，当初始值无限接近真实解时，Newton-Raphson 法迭代按平方收敛速度收敛：

$$\lim \frac{\|x_{n+1} - x^*\|}{\|x_n - x^*\|^2} = K \qquad (K \text{ 为常数}) \tag{2-20}$$

2.4 最小吉布斯自由能法

根据热力学第二定律，当多相多元反应体系达到或接近平衡态时，此时体系总的吉布斯自由能达到最小，这就是最小吉布斯自由能法的基本原理。利用该原理可通过数学解析反应系统的吉布斯自由能，并结合元素质量守恒定理来实现对平衡产物各相组成求解。

2.4.1 数学描述

对于某火法冶炼多相反应体系，系统总吉布斯自由能可用式（2-21）表示：

$$G = \sum_{f=1}^{F} \sum_{c=1}^{C_f} n_{fc} \left(G_{fc}^{\ominus} + RT\ln \frac{\gamma_{fc} n_{fc}}{\sum\limits_{k=1}^{} n_{fk}} \right) \tag{2-21}$$

式中，C_f 为 f 相的组分数；n_{fc} 表示 f 相 c 组分的物质的量；$G_{fc}^{\ominus}$ 表示 f 相中 c 组分的标准吉布斯自由能；γ_{fc} 表示 f 相中 c 组分的活度因子；n_{fk} 为 f 相中 k 组分的物质的量；c，k 均表示组分索引。

另外，在该反应体系中，各元素存在式（2-22）所示的质量守恒关系：

$$\sum_{f=1}^{F} \sum_{c=1}^{C_f} A_{fce} n_{fc} - n_e = 0 \quad e = 1, 2, \cdots, N_e \qquad (2\text{-}22)$$

式中，A_{fce} 表示 c 组分中 e 原子个数；n_e 表示 e 原子的总物质的量；N_e 表示元素种类数。

式（2-21）和式（2-22）所构成的非线性方程组，即为利用最小吉布斯自由能法构建的多相平衡数学模型。采用数值计算方法对该模型进行求解可得到各相产物组成。

2.4.2　求解算法

目前，对采用最小吉布斯自由能法构建的多相平衡数学模型进行数值求解，常用算法包括 RAND 法、NASA 法、Wolfe 法等[70~73]，其中 RAND 算法应用最为广泛。

RAND 算法的基本原理：采用泰勒公式，将式（2-21）所表示的多相多组分体系总的吉布斯自由能（G）表达式在 $n_{fc}^{(m)}$ 二阶展开，从而得到式（2-23）：

$$G = G(n^{(m)}) + \sum_{g}^{F} \sum_{h}^{C_g} \sum_{f}^{F} \sum_{c}^{C_f} (n_{gh} - n_{gh}^{(m)}) \left[\frac{\partial}{\partial x_{fi}} \left(n_{fc} G_{fc}^{\ominus} + n_{fc} RT \ln \frac{\gamma_{fc} n_{fc}}{\sum_k n_{fk}} \right) \right] +$$

$$\frac{1}{2} \sum_{i=1}^{F} \sum_{j=1}^{C_i} \sum_{g=1}^{F} \sum_{h=1}^{C_g} \sum_{f=1}^{F} \sum_{c=1}^{C_f} (n_{ij} - n_{ij}^{(m)})(n_{gh} - n_{gh}^{(m)})$$

$$\left[\frac{\partial^2}{\partial x_{ij} \partial x_{gh}} \left(n_{fc} G_{fc}^{\ominus} + n_{fc} RT \ln \frac{\gamma_{fc} n_{fc}}{\sum_k n_{fk}} \right) \right] \qquad (2\text{-}23)$$

式中，$n_{fc}^{(m)}$ 为 m 次迭代后 f 相中 c 组分物质的量；g 为相索引；h 为组分索引。

在此基础上，通过引入拉格朗日因子（λ_e），采用 Lagrange 因子法，并耦合质量守恒关系式（2-22），构造 L 函数，如式（2-24）所示，从而将有约束条件的极值问题转化为无约束条件的极值问题[74]。

$$L = G - \sum_{e=1}^{N_e} \lambda_e \left(\sum_{f=1}^{F} \sum_{c=1}^{C_f} A_{fce} n_{fc} - n_e \right) \qquad (2\text{-}24)$$

按极值必要条件，将 L 函数对各 n_{fc} 及 λ_e 分别求偏导，并令各偏导等于 0，可得如式（2-25）所示的非线性方程组：

$$\begin{cases} \dfrac{\partial L}{\partial n_{fc}} = \dfrac{\partial G}{\partial n_{fc}} + \sum_{e=1}^{N_e} \lambda_e \sum_{f=1}^{F} \sum_{c=1}^{C_f} A_{fce} = 0 \\[3mm] \dfrac{\partial L}{\partial \lambda_e} = \sum_{f=1}^{F} \sum_{c=1}^{C_f} A_{fce} n_{fc} - n_e = 0 \end{cases} \qquad (2\text{-}25)$$

采用牛顿迭代法求解式（2-25），可得平衡时各相各组分物质的量。

采用迭代法求解由最小自由能法构建的多相平衡数学模型时，各组分迭代初值的合适与否，与求解时收敛与否和收敛速度快慢紧密相关。为使迭代求解过程顺利进行，可采用"分级过渡"方法自动调整初值，即首先由某一代表性实例通过试算确定一组可行的初值，然后从该实例组成逐步过渡到实际体系组成[59]。实例计算表明，可采用"分级过渡"的处理思路，可提高模型的实时性、实用性和通用性。但经过前期研究的实例对比发现，采用最小自由能的 RAND 算法在迭代计算含有微量组分的复杂系统时，会出现"大数吃小数"的问题，导致求解准确度降低。此外，RAND 算法对新相出现或旧相消失处理时，也会出现求解异常。

此外，在式（2-21）中的 f 相中 c 组分的活度因子 γ_{fc} 需要指定常量、给定经验公式或构建活度计算模型三种方式来确定。实际上组分活度因子通常会随着相组成和冶炼条件的变化而变化。因此，目前通常采用经验公式使活度因子与影响因素关联，但因条件的多样性和复杂性往往会导致一定的计算误差，并且在迭代计算时控制不当求解得到的组分量可能为负值，为避免负解的出现，某些学者提出了元素势法来建立多相平衡数学模型。

2.5 元素势法

元素势法是由 Powell 提出[75]，并由 Reynolds 等人研究发展而来[76]。元素势法具有计算速度快、精度高、求解时不会出现负值等优点[68]。

2.5.1 数学描述

在恒温恒压条件下，多相反应体系各相各组分总的吉布斯函数可用式（2-26）计算：

$$G = \sum_{f=1}^{F} \sum_{c=1}^{C_f} n_{fc} \left[G_{fc}^{\ominus} + RT\ln(\gamma_{fc} n_{fc}) \right] \tag{2-26}$$

同时，该反应体系的多相物质满足式（2-27）所示的质量守恒关系，将这种关系与式（2-26）耦合发现，该体系的多相平衡求解问题可归结为有约束条件的极值求解问题。

$$\sum_{f=1}^{F} \sum_{c=1}^{C_f} A_{fce} n_{fc} - n_e = 0 \qquad e = 1, 2, \cdots, N_e \tag{2-27}$$

采用拉格朗日因子法，引入拉格朗日因子 λ_e 后，可将以上问题转化为无约束条件的极值问题，所构造的 L 函数如式（2-28）所示。

$$L = G - \sum_{e=1}^{N_e} \lambda_e \left(\sum_{f=1}^{F} \sum_{c=1}^{C_f} A_{fce} n_{fc} - n_e \right) \tag{2-28}$$

对式（2-28）求偏导，可得式（2-29）：

$$\frac{\partial L}{\partial n_{fc}} = \frac{\partial G}{\partial n_{fc}} - \sum_{e=1}^{N_e} \lambda_e A_{fce} \tag{2-29}$$

将 $\dfrac{\partial G}{\partial n_{fc}} = G_{fc}^{\ominus} + RT\ln(\gamma_{fc}x_{fc})$，代入式（2-29）可得式（2-30）：

$$\frac{\partial L}{\partial n_{fc}} = G_{fc}^{\ominus} + RT\ln(\gamma_{fc}x_{fc}) - \sum_{e=1}^{N_e} \lambda_e A_{fce} \tag{2-30}$$

当火法冶炼多相反应系统处于平衡状态时（即 $\dfrac{\partial L}{\partial n_{fc}} = 0$），由式（2-30）可得到式（2-31）：

$$G_{fc}^{\ominus} + RT\ln(\gamma_{fc}x_{fc}) = \sum_{e=1}^{N_e} \lambda_e A_{fce} \tag{2-31}$$

式中，x_{fc} 表示 f 相中 c 组分的摩尔分数；λ_e 代表 e 元素的元素势[68]。这是因为通过引入的拉格朗日因子 λ_e，可将 f 相中 c 组分单位物质的量的吉布斯函数与构成 f 相中 c 组分多种元素的原子数量关联，此时，其函数值等于各种原子数量与对应 λ_e 乘积之和。

在某个平衡系统中，同种类原子元素势与其存在形态无关，也就意味着系统中任意 f 相中 c 组分的同种类原子，其元素势均会相同。

2.5.2　求解算法

式（2-31）经推导，可转化为式（2-32）：

$$x_{fc} = \frac{\exp\left(\dfrac{-G_{fc}^{\ominus}}{RT} + \sum_{e=1}^{N_e} \dfrac{A_{fce}\lambda_e}{RT}\right)}{\gamma_{fc}} \tag{2-32}$$

体系中的各组分摩尔分数存在式（2-33）所示关系：

$$\sum_{c=1}^{C_f} x_{fc} = 1 \qquad f = 1, 2, \cdots, F \tag{2-33}$$

联立式（2-32）和式（2-33），可推导得到式（2-34）：

$$f_1 = \sum_{c=1}^{C_f} \exp\left(-G_{fc}^{\ominus}/RT + \sum_{i=1}^{N_e} \lambda_i A_{fci}/RT\right) / \gamma_{fc} - 1 = 0 \qquad f = 1, 2, \cdots, F$$

$$\tag{2-34}$$

假定 n_f 为 f 相中各组分物质的量之和，则有 $n_{fc} = n_f x_{fc}$，并由式（2-27）和式（2-32）可得式（2-35）：

$$f_2 = \sum_{f=1}^{F} \sum_{c=1}^{C_f} n_f A_{fce} \exp\left(- G_{fc}^{\ominus}/RT + \sum_{e=1}^{N_e} \lambda_e A_{fce}/RT\right) / \gamma_{fc} - n_e = 0 \quad e = 1, 2, \cdots, N_e$$

$$(2\text{-}35)$$

采用元素势法，联立式（2-34）和式（2-35）即为构建的多相平衡数学模型（非线性方程组），该模型可采用最速下降法或 Newton-Raphson 法求解。

2.5.2.1 最速下降法

根据式（2-34）和式（2-35）构造模函数：

$$W = \frac{1}{2} \sum_{f=1}^{F} (Z_f - 1)^2 + \frac{1}{2} \sum_{e=1}^{N_e} H_e^2 = 0 \tag{2-36}$$

式中，Z_f 可由式（2-37）计算，H_e 可由式（2-38）计算。

$$Z_f = \sum_{c=1}^{C_f} \exp\left(- G_{fc}^{\ominus}/RT + \sum_{e=1}^{N_e} A_{fce} \lambda_e/RT\right) / \gamma_{fc} \tag{2-37}$$

$$H_e = \sum_{f=1}^{F} \sum_{c=1}^{C_f} n_f A_{fce} \exp\left(- G_{fc}^{\ominus}/RT + \sum_{e=1}^{N_e} \lambda_e A_{fce}/RT\right) / \gamma_{fc} - n_e \tag{2-38}$$

对 W 求偏导，可得到式（2-39）和式（2-40）：

$$\frac{\partial W}{\partial \lambda_j} = \sum_{f=1}^{F} (Z_f - 1) \sum_{c=1}^{C_f} x_{fc} A_{fcj} + \sum_{e=1}^{N_e} H_e \sum_{f=1}^{F} \sum_{c=1}^{C_f} n_f \cdot A_{fce} \cdot A_{fcj} \cdot x_{fc} \tag{2-39}$$

$$\frac{\partial W}{\partial n_j} = \sum_{e=1}^{N_e} H_e \sum_{c=1}^{C_f} E_{jce} \cdot x_{jc} \tag{2-40}$$

计算梯度的模：

$$|\mathrm{grad}W| = \sqrt{\sum_{e=1}^{N_e} \left(\frac{\partial W}{\partial \lambda_e}\right)^2 + \sum_{f=1}^{F} \left(\frac{\partial W}{\partial n_f}\right)^2} \tag{2-41}$$

$$\Delta l = \frac{\Delta W}{|\mathrm{grad}W|} \tag{2-42}$$

可以得到式（2-43）和式（2-44）所示的迭代方程：

$$\lambda_j^{(n+1)} = \lambda_j^{(n)} - \Delta l \frac{\dfrac{\partial W}{\partial \lambda_j}}{|\mathrm{grad}W|} \tag{2-43}$$

$$n_j^{(n+1)} = n_j^{(n)} - \Delta l \frac{\dfrac{\partial W}{\partial n_j}}{|\mathrm{grad}W|} \tag{2-44}$$

将元素势法迭代求解得到的新值逐次带入式（2-43）和式（2-44），直至 $\Delta W < \varepsilon (\Delta W = W - 0)$。在采用最速下降法求解模型时，如果出现收敛速度慢的情况，可尝试采用牛顿迭代法。

2.5.2.2 牛顿迭代法

采用泰勒公式，按一阶展开，可将式（2-34）和式（2-35）转化为牛顿迭代式，如式（2-45）和式（2-46）所示：

$$f_1(\lambda^{(n)}) + \sum_{e=1}^{N_e}(\lambda_e - \lambda_e^{(n)})\sum_{c=1}^{C_f}A_{fce}x_{fc} = 0 \qquad f = 1, 2, \cdots, F \qquad (2\text{-}45)$$

$$f_2(\lambda^{(n)}, n^{(n)}) + \sum_{j=1}^{N_e}(\lambda_j - \lambda_j^{(n)})\sum_{f=1}^{F}\sum_{c=1}^{C_f}n_f^{(n)}A_{fce}A_{fcj}x_{fc} +$$

$$\sum_{f=1}^{F}(n_f - n_f^{(n)})\sum_{c=1}^{C_f}A_{fce}x_{fc} = 0 \qquad (2\text{-}46)$$

而后，将给定的 λ，n 作为初值代入以上两式，以牛顿迭代法反复迭代计算，直至前后两次误差达到精度控制要求。

通过分析可知：采用元素势法构建的数学模型包含 $F + N_e$ 个非线性方程，因此，待求变量数有 $F + N_e$ 个；采用化学平衡常数法构建的模型包含 $F + \sum C_f$（即平衡产物数+各相中组分数）个方程；采用最小吉布斯自由能法构建的数学模型包含 $N_e + \sum C_f$ 个方程。

对于大多数多相多元反应体系，因为系统中的 $F \ll \sum C_f$ 或 $N_e \ll \sum C_f$。因此，采用元素法构建模型，进行多相平衡计算具有一定的优势。此外，由前面分析可知，采用元素势法在迭代求解时不会出现负值，具有一定的优势。

然而，元素势法与最小吉布斯自由能法类似，在保留不需要考虑复杂反应过程这一优势的同时，在对含有微量组分的复杂系统进行迭代计算时，同样可能出现"大数吃小数"的现象，导致计算结果准确度下降。

2.6 建模软件及应用

对于含有多相多组分的复杂冶炼体系，以上介绍的化学平衡常数法、最小自由能法和元素势法等建模方法，为数学描述该系统内的相转化和组分演化行为提供了可能，也为构建多相反应模型提供了理论依据。然而，由于冶炼体系通常包含的物相多、元素多、组分多，使得冶炼过程的反应多、交互作用多、影响因素多，建立多相反应模型的难度和工作量比较大。另外，即使成功构建数学模型，由于模型通常会包含大量的非线性问题，求解难度也大，如果仅仅采用人工方式来建模或者计算，几乎不可能顺利完成。随着多相组分反应体系热力学理论的逐渐成熟，尤其是计算机软硬件技术和信息技术的高速发展，学科交叉发展的日益兴起和作用发挥，使得原来的复杂建模和计算难题有望得到解决。在冶金、化工和材料等领域，经过国内外科研工作者的不懈努力，针对多相多组分复杂反应体系建模，陆续研发出了一些热力学建模计算软件（比如 HSC Chemistry、

FactSage、Thermo-Calc、MetCal 等），已成功应用到相关过程的研究中，并逐步得到了认可和关注。

2.6.1 HSC Chemistry 及其应用

HSC Chemistry 是芬兰 Outotec 公司研发的一款专门用于各种化学反应和平衡计算以及过程模拟的商业软件，该软件最新 9.4 版本包括过程模拟、反应方程计算、物料和热平衡计算、多相平衡计算、相图计算、E_h-pH 图计算绘制等 24 个功能模块，并具有 28000 种化合物的基本热力学数据、水溶液、热传导和热对流、3581 个矿物等 12 个数据库[77]。

HSC Chemistry 软件是最早将多种化学、热力学和矿物加工特性等结合起来的软件包之一，可用于研究不同变量对多相平衡体系的影响。由于该软件开发时采用了 office 软件中某些类似的插件，使得它具有简单易用的特点。目前，HSC Chemistry 软件已在化工、冶金、材料领域的教学、科研和工业生产中得到了广泛应用[78~83]。

2.6.2 FactSage 及其应用

FactSage 是加拿大 CRCT 公司和德国 GTT 公司历时 20 多年合作，研发的一款功能强大的热力学计算商业软件，该软件最新 7.2 版本具有多种功能模块：不仅对多元多相体系进行多相平衡计算，还可计算绘制优势区图、相图和 E_h-pH 图等，并能够对热力学参数进行优化，另外还提供了多种后处理方法。FactSage 已将 CRCT 公司累计 30 年的热力学数据纳入自己的数据库中，并提供了访问国际上其他知名数据库接口。目前，FactSage 数据库包含了数千种纯物质的热力学基本数据、数百种评估及优化过的金属溶液、氧化物液相与固相溶液、熔盐、水溶液等数据[84,85]。

FactSage 是化学热力学领域中数据库资源集成度最高的计算软件之一。由于该软件具有计算功能强大、操作界面友好等优点，深受研究人员青睐，在材料科学、冶金工程、玻璃陶瓷等领域的教学、科研、工业生产过程中应用广泛[86~95]。目前，FactSage 软件的全球客户有数百个。

2.6.3 Thermo-Calc 及其应用

Thermo-Calc 是瑞典皇家理工学院和 Thermo-Calc Software AB 公司先后历时 30 多年研发的一款专门应用于热力学计算与扩散模拟的商业软件。该软件可用于计算不同材料中各种热力学性质、热力学平衡、局部平衡、化学驱动力，计算绘制各类稳定/亚稳相图和多类型材料多组元体系的性质图，并能计算复杂多组元多相体系[96~98]。

在热力学和动力学模拟软件及相关数据库领域中，Thermo-Calc 具有较高的知名度，尤其是在计算材料研发领域，该软件是应用最为广泛的热力学软件之一。现在全球拥有 1000 多个学术和非学术机构类用户，将 Thermo-Calc 软件应用于他们的科学研究和工业生产之中[99~105]。

2.6.4 MetCal 及其应用

MetCal 是江西理工大学"冶金过程强化及数模仿真"特色科研团队历时近 10 年，自主研发的一款用于自主开发"冶化流程计算与在线控制系统"的软件平台[106]。该软件最新 7.8 版本具有单元过程热力学建模、设备简图绘制、流程图绘制、热力学数据查询、自定义函数等功能模块，并支持各功能模块的协同应用。另外，通过搜集和整理，MetCal 软件将数千种纯物质、水溶液的热力学数据纳入形成数据库资源。在建模和计算时，MetCal 软件会自动根据用户所输入的物质，从数据库资源中动态识别、查询和计算相关热力学数据，并支持用户自行添加热力学数据入库。

MetCal 软件是用于冶金、化工、选矿等领域开发流程工艺数学模型应用软件的高效工具平台。基于该软件平台，用户可快速构建质量平衡、热平衡和化学平衡单元过程数学模型，积木式搭建流程优化设计或在线控制应用系统。MetCal 软件具有易学易用、建模高效、操作灵活等优点，应用前景良好[107~109]。目前，国内中国恩菲工程技术有限公司、北京矿冶科技集团有限公司（原北京矿冶研究总院）、长沙有色冶金设计研究院有限公司、铜陵有色金冠铜业分公司、金隆铜业有限公司等多家有色冶金设计和生产单位已采用该软件平台。

因此，对火法冶炼多相多元反应体系或工艺过程开展模拟研究，以上 4 款热力学建模和计算软件均可采用。然而，HSC Chemistry、FactSage 和 Thermo-Calc 为国外公司所研发的商业软件，国内研究人员只有购买、授权后才能正常使用，并且各个软件公司根据购买客户对软件数据库中数据量和功能模块需求的不同，制定了不同的软件价格，无形之中给客户增添了使用限制；另外，3 款软件均可对单个多相多元反应过程进行较好的热力学分析和计算，但是 FactSage 和 Thermo-Calc 软件对由多个单元过程组成的流程工艺进行建模和计算时，其功能略显欠缺；HSC Chemistry 软件虽然提供了流程模拟的功能，但是该功能模块开发还不够完善。因此，作为 MetCal 软件研发团队一员，拟采用该软件来开展对"双闪"铜冶炼工艺全流程的数学建模研究，并基于该平台，二次开发"双闪"铜冶炼工艺的全流程模拟计算系统。

2.7 本章小结

（1）综述了火法冶炼多相多元反应体系的几种热力学建模方法，对各种建模方法的建模原理和求解算法等进行了详细介绍，讨论了各方法的优缺点，为后续研究"双闪"铜冶炼工艺物料多相演变和元素分配行为奠定良好的建模理论基础。

（2）通过对 HSC Chemistry、FactSage、Thermo-Calc、MetCal 等热力学计算软件的介绍和分析，确定了"双闪"铜冶炼工艺各冶炼单元过程、全流程数学建模的方法和可用软件系统。

3 铜闪速熔炼物料多相演变行为模拟研究

3.1 概述

作为"双闪"铜冶炼工艺的龙头工序，闪速熔炼过程的顺利与否至关重要。在目前以"四高"为主要特征的高强度熔炼生产实践中，企业在获得造锍熔炼高效率、高产能和低成本的同时，实际熔炼过程的物料多相演变、元素分配行为规律等均发生了明显变化，呈现了诸如高渣含铜、高热腐蚀和高烟尘量等问题。因此，有必要在高强度条件下开展铜闪速熔炼过程的热力学分析。

然而，与其他火法冶炼过程一样，闪速熔炼过程也属于高温、多相、多组元复杂体系，如果靠单纯传统实验手段开展研究，存在实验取样检测空间和高温操作环境等的条件限制，使得研究过程较为困难或成本较高；另外，在此实验条件下，熔炼过程多时空尺度内各种微量杂质元素的取样分析更为困难。种种条件局限性和难度使得熔炼过程中的基础热力学数据量较少。然而，随着计算机、信息和互联网技术的高速发展，采用数学理论建模和计算机仿真技术来模拟闪速熔炼冶炼过程成为一种高效的研究手段[30,32,42,46,55,110]，多相平衡计算便是其中一种常用方法[15,59,62,68,74]。而在多相平衡分析中，构建各相组元的活度迭代计算数学模型是重要环节[1,111,112]。

因此，本章首先研究了 FeO-Fe_2O_3-SiO_2 渣系修正准化学溶液（MQC）组元活度计算模型，将 2.3 节阐述的多相多组分反应平衡的化学平衡常数法和 MQC 渣系组元活度计算方法耦合，建立铜闪速熔炼多相平衡数学模型，并采用生产数据验证模型计算的可靠性，进而考察氧料比（富氧与混合铜精矿的比值，R_{OC}）、熔剂率（熔剂量与混合铜精矿投入量的质量分数，w_{Flux}）、返尘率（返尘量与混合铜精矿投入量的质量分数，w_{Bdust}）、富氧浓度（φ_{Oxy}）、铜锍品位（w_{Cu}）、渣中铁硅比（R_{Fe/SiO_2}）和熔炼温度（T）等控制条件对产物产出率、主要产物组分活度与含量、主要技术指标和杂质分配行为等的影响，以期揭示该过程的物料多相演变和元素分配行为规律，为优化工艺参数提供理论指导。

3.2 闪速熔炼渣系 MQC 组元活度计算模型

活度也称之为热力学浓度，是多相反应体系组分的有效浓度，在绝大多数冶金反应进行定量热力学计算和分析时使用[113]。高温冶炼熔渣的物理化学性质对火法冶炼过程有重要影响，而熔渣的组元活度与其组成、熔点、密度、黏度等紧密相关。$FeO\text{-}Fe_2O_3\text{-}SiO_2$ 是火法冶金常见的三元渣系[114,115]，铜闪速熔炼渣就属于该渣系，研究其组元活度等对优化渣型和高效控制渣金分离具有重要的实践指导意义。

目前，正规溶液理论、准正规溶液理论、准化学溶液理论、修正的准化学溶液（MQC）理论和共存理论等可用于构建复杂体系组元活度计算模型[74]。其中，MQC 理论由 A. D. Pelton 和 M. Blander 提出[116,117]。该理论充分考虑各组元的交互作用，从溶液中各组元的键对反应底层出发，引入组元当量摩尔分数，并进行了较为严格的数学推导，能更为精确地描述组元间的强耦合关系和熔渣结构本质，并可根据现有热力学测定数据进行模型参数优化，扩大其应用范围。应用MQC 理论，Jak[118]、Jung[119]、Coursol[120] 和侯明[121] 等人分别构建了 PbO-CaO-SiO_2、MnO-Al_2O_3-SiO_2、Cu_2O-CaO-Na_2O、CaO-MnO-SiO_2 等三元渣系的活度迭代计算数学模型，并应用于冶金过程热力学分析，获得了良好的研究结果。然而，对 $FeO\text{-}Fe_2O_3\text{-}SiO_2$ 渣系组元活度计算模型的构建，现有文献多采用共存理论的建模方法[59,112,122~126]，而将 MQC 理论和建模方法引入该渣系的文献还鲜有报道。

为此，本节采用 MQC 理论和建模方法，构建 $FeO\text{-}Fe_2O_3\text{-}SiO_2$ 渣系的 MQC 组元活度计算模型，研究渣碱度、温度等与组元活度间的内在规律，以期为闪速熔炼渣系组元活度计算提供新的方法。

3.2.1 模型建立

在 $FeO\text{-}Fe_2O_3\text{-}SiO_2$ 渣系中，假定 A 组元为 SiO_2，B 组元为 FeO，C 组元为 Fe_2O_3，采用修正准化学溶液理论和建模方法，从 $FeO\text{-}Fe_2O_3\text{-}SiO_2$ 渣系组元反应底层出发，渣系各组元间存在式（3-1）所示的 3 个键对反应：

$$[SiO_2\text{-}SiO_2] + [FeO\text{-}FeO] = 2[SiO_2\text{-}FeO]$$
$$[SiO_2\text{-}SiO_2] + [Fe_2O_3\text{-}Fe_2O_3] = 2[SiO_2\text{-}Fe_2O_3] \qquad (3\text{-}1)$$
$$[FeO\text{-}FeO] + [Fe_2O_3\text{-}Fe_2O_3] = 2[FeO\text{-}Fe_2O_3]$$

定义渣系中 SiO_2、FeO、Fe_2O_3 组元的当量摩尔分数分别为 x'_A、x'_B 和 x'_C，如式（3-2）：

$$x'_A = \frac{ax_A}{ax_A + bx_B + cx_C} = 1 - x'_B - x'_C$$

$$x'_B = \frac{bx_B}{ax_A + bx_B + cx_C} \qquad (3\text{-}2)$$

$$x'_C = \frac{cx_C}{ax_A + bx_B + cx_C}$$

式中，a、b、c 为模型常量；x_A、x_B、x_C 分别为 SiO_2、FeO、Fe_2O_3 组元的摩尔分数。

根据 A、B 和 C 组元的质量守恒原理，可推导得到式（3-3）所示的平衡关系：

$$
\begin{aligned}
x'_A &= 2x_{AA} + x_{AB} + x_{AC} \\
x'_B &= 2x_{BB} + x_{AB} + x_{BC} \\
x'_C &= 2x_{CC} + x_{BC} + x_{AC}
\end{aligned}
\tag{3-3}
$$

式中，x_{AA}、x_{BB}、x_{CC}、x_{AB}（或 x_{BA}）、x_{BC}（或 x_{CB}）、x_{AC}（或 x_{CA}）分别为平衡时 AA、BB、CC、AB、BC、AC 次生组元的摩尔分数。

式（3-1）所示的 3 个键对交换反应的摩尔焓（H_{AB}、H_{AC}、H_{BC}）和非构型摩尔熵（S_{AB}、S_{AC}、S_{BC}），可由 3 个二元渣系（A-B、B-C 和 A-C）的摩尔焓和非构型摩尔熵优化计算得到，优化公式如式（3-4）所示：

$$
\begin{aligned}
H_{ij} &= H_0 + H_1 x'_j + H_2 x'^2_j + H_3 x'^3_j + \cdots \\
S_{ij} &= S_0 + S_1 x'_j + S_2 x'^2_j + S_3 x'^3_j + \cdots
\end{aligned}
\tag{3-4}
$$

FeO-Fe_2O_3-SiO_2 渣系的混合焓 ΔH 和过剩熵 ΔS^E 可由式（3-5）和式（3-6）计算：

$$
\Delta H = (ax_A + bx_B + cx_C) \cdot \frac{(x_{AB}H_{AB} + x_{BC}H_{BC} + x_{AC}H_{AC})}{2}
\tag{3-5}
$$

$$
\Delta S^E = (ax_A + bx_B + cx_C) \cdot \frac{(x_{AB}S_{AB} + x_{BC}S_{BC} + x_{AC}S_{AC})}{2} -
$$

$$
\frac{ZR}{2}(ax_A + bx_B + cx_C) \cdot \left(x_{AA}\ln\frac{x_{AA}}{x'^2_A} + x_{BB}\ln\frac{x_{BB}}{x'^2_B} + x_{CC}\ln\frac{x_{CC}}{x'^2_C} + \right.
$$

$$
\left. x_{AB}\ln\frac{x_{AB}}{2x'_A x'_B} + x_{AC}\ln\frac{x_{AC}}{2x'_A x'_C} + x_{BC}\ln\frac{x_{BC}}{2x'_B x'_C} \right)
\tag{3-6}
$$

式中，Z 为配位数。

在 FeO-Fe_2O_3-SiO_2 渣系组成条件下，根据式（3-1）所示反应体系自由能最小的热力学平衡原理，可得到式（3-7）所示平衡关系式：

$$
K_{AB} = \frac{x^2_{AB}}{x_{AA}x_{BB}} = 4\exp\left[\frac{-2(H_{AB} - S_{AB}T)}{RT}\right]
$$

$$
K_{AC} = \frac{x^2_{AC}}{x_{AA}x_{CC}} = 4\exp\left[\frac{-2(H_{AC} - S_{AC}T)}{RT}\right]
\tag{3-7}
$$

$$
K_{BC} = \frac{x^2_{BC}}{x_{BB}x_{CC}} = 4\exp\left[\frac{-2(H_{BC} - S_{BC}T)}{RT}\right]
$$

针对 $FeO\text{-}Fe_2O_3\text{-}SiO_2$ 三元渣系的特点，要利用现有二元渣系的相关热力学数据估算三元渣系热力学参数，需对组成该三元渣系的 3 个二元渣系对应 H_{ij} 和 S_{ij} 参数进行适当近似优化。MQC 理论提供了对称近似法和非对称近似法两种优化方法[117,127]。

A 对称近似法

假定组元当量摩尔分数比值 $\dfrac{x_i'}{x_j'}$ 固定，且 H_{ij} 和 S_{ij} 不变化，采用该近似优化方法时，组元的活度因子可由式 (3-8)~式 (3-10) 计算：

$$RT\ln\gamma_A = \frac{Za}{2}RT\ln\frac{x_{AA}}{x_A'^2} - a\frac{x_{AB}}{2}\frac{x_B'}{(x_A'+x_B')^2}\frac{\partial(H_{AB}-S_{AB}T)}{\partial\dfrac{x_B'}{(x_A'+x_B')}} \tag{3-8}$$

$$RT\ln\gamma_B = \frac{Zb}{2}RT\ln\frac{x_{BB}}{x_B'^2} - b\frac{x_{BC}}{2}\frac{x_C'}{(x_B'+x_C')^2}\frac{\partial(H_{BC}-S_{BC}T)}{\partial\dfrac{x_C'}{(x_B'+x_C')}} \tag{3-9}$$

$$RT\ln\gamma_C = \frac{Zc}{2}RT\ln\frac{x_{CC}}{x_C'^2} - c\frac{x_{CA}}{2}\frac{x_A'}{(x_C'+x_A')^2}\frac{\partial(H_{CA}-S_{CA}T)}{\partial\dfrac{x_A'}{(x_C'+x_A')}} \tag{3-10}$$

B 非对称近似法

假定 A 组元当量摩尔分数 x_A' 和比值 $\dfrac{x_A'}{x_B'}$ 固定，且 H_{BC} 和 S_{BC} 不变化。采用该方法时，组元的活度因子可由式 (3-11)~式 (3-13) 计算：

$$RT\ln\gamma_A = \frac{Za}{2}RT\ln\frac{x_{AA}}{x_A'^2} - \frac{a}{2}(1-x_A')\left[x_{AB}\frac{\partial(H_{AB}-S_{AB}T)}{\partial x_A'} + x_{CA}\frac{\partial(H_{CA}-S_{CA}T)}{\partial x_A'}\right] \tag{3-11}$$

$$RT\ln\gamma_B = \frac{Zb}{2}RT\ln\frac{x_{BB}}{x_B'^2} - \frac{bx_A'}{2}\left[x_{AB}\frac{\partial(H_{AB}-S_{AB}T)}{\partial x_A'} + x_{CA}\frac{\partial(H_{CA}-S_{CA}T)}{\partial x_A'}\right] - \frac{bx_{BC}}{2}\frac{x_C'}{(x_B'+x_C')^2}\frac{\partial(H_{BC}-S_{BC}T)}{\partial\left(\dfrac{x_C'}{x_B'+x_C'}\right)} \tag{3-12}$$

$$RT\ln\gamma_C = \frac{Zc}{2}RT\ln\frac{x_{CC}}{x_C'^2} - \frac{cx_A'}{2}\left[x_{AB}\frac{\partial(H_{AB}-S_{AB}T)}{\partial x_A'} + x_{CA}\frac{\partial(H_{CA}-S_{CA}T)}{\partial x_A'}\right] - \frac{cx_{BC}}{2}\frac{x_B'}{(x_B'+x_C')^2}\frac{\partial(H_{BC}-S_{BC}T)}{\partial\left(\dfrac{x_B'}{x_B'+x_C'}\right)} \tag{3-13}$$

由于 FeO-Fe$_2$O$_3$-SiO$_2$ 三元渣系为非对称体系，在该体系下配位数为 2，$a =$ 1.3774，$b = 0.6887$，$c = 0.6887$，通过查询现有热力学数据[128~131]，采用式（3-4）所示的优化公式，3 个二元系优化后的键能参数分别可由式（3-14）~式（3-16）计算：

$$H_{\text{FeO-SiO}_2} = -17697 - 38528x'_{\text{SiO}_2} + 842570x'^{5}_{\text{SiO}_2} -$$
$$1549201x'^{6}_{\text{SiO}_2} + 962015x'^{7}_{\text{SiO}_2} \text{J/mol} \tag{3-14}$$

$$S_{\text{FeO-SiO}_2} = -16.736 + 62.76x'^{7}_{\text{SiO}_2} \text{J/(mol·K)}$$

$$H_{\text{Fe}_2\text{O}_3\text{-SiO}_2} = 6770 - 122724x'_{\text{SiO}_2} + 183040x'^{2}_{\text{SiO}_2} + 106539x'^{4}_{\text{SiO}_2} \text{J/mol}$$
$$\tag{3-15}$$

$$S_{\text{Fe}_2\text{O}_3\text{-SiO}_2} = -34.59 + 87.366x'^{3}_{\text{SiO}_2} \text{J/(mol·K)}$$

$$H_{\text{FeO-Fe}_2\text{O}_3} = 13694 + 129704x'^{7}_{\text{SiO}_2} \text{J/mol}$$
$$\tag{3-16}$$

$$S_{\text{FeO-Fe}_2\text{O}_3} = 16.736 + 60.250x'^{7}_{\text{SiO}_2} \text{J/(mol·K)}$$

3.2.2 算法流程

对于 FeO-Fe$_2$O$_3$-SiO$_2$ 渣系，在给定初始组元浓度（x_A、x_B、x_C）、a、b、c、3 个二元系的 H_{ij} 和 S_{ij} 等条件下，通过依次求解式（3-2）、式（3-3）和式（3-7）所示方程组以及式（3-8）~式（3-10）或式（3-11）~式（3-13），可得到渣系中 FeO、Fe$_2$O$_3$、SiO$_2$ 组元的活度因子，具体求解计算流程，如图 3-1 所示。某组元活度 a_i 则等于活度因子 γ_i 与组元摩尔分数 x_i 的乘积。

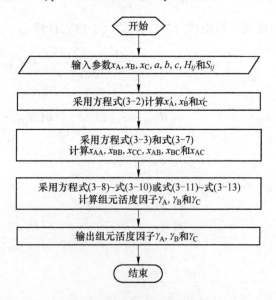

图 3-1 活度因子计算流程图

3.2.3　模型验证

采用所建立的 FeO-Fe_2O_3-SiO_2 渣系 MQC 组元活度计算模型，在 1350℃和不同渣系组成条件下，计算了该渣系 FeO 和 SiO_2 组元的活度，并与测量值[122]进行了对比，结果见表 3-1 和表 3-2。

表 3-1　FeO 组元活度计算结果

组分质量分数/%			FeO 组分活度 a_{FeO}		
FeO	Fe_2O_3	SiO_2	测量值	计算值	相对误差/%
49.17	21.96	28.87	0.3	0.27	9.45
55.92	18.22	25.86	0.4	0.35	11.63
58.43	10.08	31.50	0.4	0.35	12.20
59.53	4.01	36.46	0.4	0.34	15.30
59.28	19.51	21.20	0.5	0.43	14.71
61.36	14.22	24.41	0.5	0.44	12.87
63.90	7.55	28.55	0.5	0.45	11.01
62.85	19.93	17.22	0.6	0.51	15.67
65.90	12.22	21.88	0.6	0.53	12.20
68.15	6.59	25.27	0.6	0.55	8.54
66.92	19.49	13.59	0.7	0.59	15.31
69.05	14.55	16.40	0.7	0.61	12.23
72.06	6.92	21.02	0.7	0.65	6.86
73.78	17.05	9.17	0.8	0.72	10.28
74.79	12.71	12.50	0.8	0.73	8.96
76.10	7.00	16.91	0.8	0.75	6.65
82.51	9.75	7.74	0.9	0.84	6.31
82.65	7.32	10.02	0.9	0.85	5.25

表 3-2　SiO₂ 组元活度计算结果

组分质量分数/%			SiO_2 组分活度 a_{SiO_2}		
FeO	Fe_2O_3	SiO_2	测量值	计算值	相对误差/%
79.12	13.64	7.24	0.1	0.09	13.52
84.70	7.29	8.01	0.1	0.08	20.32

组分质量分数/%			SiO$_2$ 组分活度 a_{SiO_2}		
FeO	Fe$_2$O$_3$	SiO$_2$	测量值	计算值	相对误差/%
67.05	19.09	13.85	0.2	0.20	0.39
71.11	13.97	14.93	0.2	0.18	11.49
76.73	6.47	16.80	0.2	0.15	26.76
61.27	18.27	20.46	0.4	0.36	9.45
65.02	12.68	22.30	0.4	0.33	16.71
69.53	5.96	24.51	0.4	0.29	27.13
56.93	19.12	23.95	0.6	0.51	15.69
61.06	12.62	26.32	0.6	0.48	20.83
65.69	4.97	29.34	0.6	0.44	27.13
53.98	18.36	27.66	0.8	0.65	18.75
57.70	12.02	30.28	0.8	0.63	20.74
61.80	4.91	33.30	0.8	0.61	23.58

由表 3-1 和表 3-2 结果可知，FeO-Fe$_2$O$_3$-SiO$_2$ 渣系 FeO 和 SiO$_2$ 组元的活度计算值与测量值吻合程度较高，活度计算平均相对误差分别为 10.86% 和 18.04%，表明该模型能较好反映渣系组元间的强耦合关系和渣系结构本质，用于渣系组元活度迭代计算是可行的。

3.2.4 操作参数对组元活度的影响

渣系碱度 B 是渣系中铁的氧化物的物质的量之和与渣系中 SiO$_2$ 的物质的量之比，可用式（3-17）表示。由式（3-17）可知，改变渣碱度实质上是控制渣系中各种氧化物的比例关系，即改变渣系组成。渣碱度是影响渣系组成和渣系物化性质的重要因素。

$$B = \frac{\sum (n_{FeO} + n_{Fe_2O_3})}{\sum n_{SiO_2}} \tag{3-17}$$

为考察渣碱度和温度对 FeO-Fe$_2$O$_3$-SiO$_2$ 渣系组元活度的影响，采用所建组元活度计算模型，固定 Fe$_2$O$_3$ 组元的摩尔分数为 0.20，在 1240℃、1280℃ 和 1320℃ 的渣温条件下，分别计算了该渣系 SiO$_2$、FeO 和 Fe$_2$O$_3$ 组元的活度 a_{SiO_2}、a_{FeO}、$a_{Fe_2O_3}$。

3.2.4.1 渣温对组元活度的影响

表 3-3 给出了不同温度下 FeO-Fe$_2$O$_3$-SiO$_2$ 渣系组元活度的计算结果。由表 3-3

结果可知，随着熔渣温度升高，渣中 SiO_2 组元活度微量减小，而 FeO 和 Fe_2O_3 组元的活度微量增大。可见，提高熔炼温度对渣中组元活度影响不明显，即对熔渣物化性质作用微弱。

表 3-3 FeO-Fe_2O_3-SiO_2 渣系组元活度计算结果

B	T=1240℃			T=1280℃			T=1320℃		
	a_{SiO_2}	a_{FeO}	$a_{Fe_2O_3}$	a_{SiO_2}	a_{FeO}	$a_{Fe_2O_3}$	a_{SiO_2}	a_{FeO}	$a_{Fe_2O_3}$
22.50	0.0630	0.5755	0.0526	0.0625	0.5769	0.0538	0.0620	0.5782	0.0550
20.00	0.0696	0.5698	0.0537	0.0690	0.5712	0.0549	0.0684	0.5726	0.0561
17.50	0.0775	0.5626	0.0551	0.0769	0.5642	0.0563	0.0763	0.5656	0.0575
15.00	0.0880	0.5531	0.0570	0.0874	0.5547	0.0583	0.0867	0.5563	0.0594
12.50	0.1023	0.5400	0.0599	0.1016	0.5418	0.0611	0.1008	0.5434	0.0622
10.00	0.1231	0.5210	0.0642	0.1222	0.5229	0.0654	0.1213	0.5247	0.0666
7.50	0.1579	0.4904	0.0720	0.1568	0.4925	0.0731	0.1557	0.4946	0.0742
5.00	0.2315	0.4339	0.0882	0.2296	0.4365	0.0891	0.2277	0.4390	0.0900
2.50	0.4842	0.3065	0.1335	0.4783	0.3096	0.1338	0.4726	0.3126	0.1340
1.50	0.8007	0.2145	0.1725	0.7890	0.2172	0.1723	0.7777	0.2198	0.1722
1.25	0.9211	0.1880	0.1849	0.9075	0.1903	0.1848	0.8944	0.1925	0.1847
1.00	0.9935	0.1692	0.2015	0.9930	0.1693	0.2009	0.9924	0.1692	0.2003
0.50	0.9932	0.1375	0.2828	0.9926	0.1380	0.2804	0.9921	0.1384	0.2780
0.10	0.9935	0.0493	0.5853	0.9929	0.0498	0.5772	0.9922	0.0504	0.5693
0.00	0.9944	0.0000	0.8329	0.9937	0.0000	0.8207	0.9930	0.0000	0.8088

3.2.4.2 渣碱度对组元活度的影响

图 3-2 给出了 1280℃条件下，渣系各组元活度随碱度 B 变化的情况。

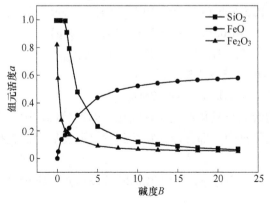

图 3-2 碱度 B 对组元活度的影响

　　由图 3-2 可知，碱度 B 对渣系组元活度的影响比较显著。在 0~5 之间，随碱度 B 增大，a_{SiO_2} 和 $a_{Fe_2O_3}$ 总体呈快速降低趋势，而 a_{FeO} 快速增大；当 B 大于 5 后，a_{SiO_2} 和 $a_{Fe_2O_3}$ 降幅变小，a_{FeO} 增幅也随之变小；碱度 B 在 0~1 范围内，a_{SiO_2} 接近 1，这是由于渣中 SiO_2 含量接近饱和，出现了两液相共存。

　　上述渣系组元活度的变化规律，为实际熔炼生产中添加石英熔剂提供了理论依据。可见，为保证渣金分离顺利进行，调控合适的渣碱度（即渣系组成）至关重要。另外，MQC 活度模型也为后续研究中某些杂质氧化物的活度迭代计算提供了方法和可能。

3.3　铜闪速熔炼多相化学平衡数学模型

3.3.1　铜闪速熔炼过程反应机理

　　铜闪速熔炼过程是将蒸汽干燥后含水小于 0.3% 的混合铜精矿粉末和熔剂粉末，在闪速炉反应塔顶部的中央喷嘴中与空气或富氧充分混合，而后以 60~70m/s 的速度喷入反应塔内，形成悬浮态气粒多相物料的高温强化冶炼环境，1~3s 内即可完成精矿分解、着火、氧化、造锍、造渣等过程，生成的铜锍和炉渣熔体混合物，以"微熔池"形式由小到大落入炉体底部沉淀池，继续完成造锍、造渣等物化过程，并借助密度差异实现渣-锍分离，最终形成铜锍、炉渣和烟气三相，炉渣在经过贫化处理后弃去尾矿，得到的渣精矿返回闪速炉[1,114]。

　　铜闪速熔炼过程主要发生硫化物分解、硫化物氧化，以及造锍和造渣等复杂化学反应[32]。

　　（1）高价硫化物分解。硫化铜精矿的主要组成为：$CuFeS_2$、Cu_5FeS_4、Cu_2S、CuS、FeS_2、FeS 等。铜精矿喷入闪速炉反应塔后，高价硫化物可能会发生如下分解反应：

$$4CuFeS_2(s) = 2Cu_2S(s) + 4FeS(s) + S_2(g) \tag{3-18}$$

$$4Cu_5FeS_4(s) = 10Cu_2S(s) + 4FeS(s) + S_2(g) \tag{3-19}$$

$$4CuS(s) = 2Cu_2S(s) + S_2(g) \tag{3-20}$$

$$2FeS_2(s) = 2FeS(s) + S_2(g) \tag{3-21}$$

　　（2）分解出的单质硫发生燃烧反应：

$$S(g) + 2O_2(g) = 2SO_2(g) \tag{3-22}$$

　　（3）硫化物的着火与氧化反应。在强化铜闪速熔炼炉中，分解得到的硫化物处于高温、强氧化气氛中，部分硫化物达到着火温度后会被直接氧化，可能会发生以下氧化反应：

$$4CuFeS_2(s) + 5O_2(g) = 2Cu_2S \cdot FeS(1) + 2FeO(1) + 4SO_2(g)$$

$$\tag{3-23}$$

$$2CuS(1) + O_2(g) === Cu_2S(1) + SO_2(g) \tag{3-24}$$

$$2Cu_2S(1) + 3O_2(g) === 2Cu_2O(1) + 2SO_2(g) \tag{3-25}$$

$$4FeS_2(1) + 7O_2(g) === 2FeO(1) + 2FeS(1) + 6SO_2(g) \tag{3-26}$$

$$3FeS_2(1) + 8O_2(g) === Fe_3O_4(s) + 6SO_2(g) \tag{3-27}$$

$$4FeS_2(1) + 11O_2(g) === 2Fe_2O_3(1) + 8SO_2(g) \tag{3-28}$$

$$2FeS_2(1) + 5O_2(g) === 2FeO(1) + 4SO_2(g) \tag{3-29}$$

$$3FeS(1) + 5O_2(g) === Fe_3O_4(s) + 3SO_2(g) \tag{3-30}$$

$$FeS(1) + 10Fe_2O_3(1) === 7Fe_3O_4(s) + SO_2(g) \tag{3-31}$$

$$6FeO(1) + O_2(g) === 2Fe_3O_4(s) \tag{3-32}$$

（4）过氧化物与欠氧化物发生的还原反应：

$$FeS(1) + 3Fe_3O_4(s) === 10FeO(1) + SO_2(g) \tag{3-33}$$

$$FeS(1) + Cu_2O(1) === FeO(1) + Cu_2S(1) \tag{3-34}$$

（5）造锍和造渣反应。上述反应产生的 FeS 和 Cu_2O 高温下发生造锍反应，而产生的 FeO 与 SiO_2 反应形成铁橄榄石炉渣。

$$Cu_2O(1) + FeS(1) === Cu_2S(1) + FeO(1) \tag{3-35}$$

$$2FeO(1) + SiO_2(s) === 2FeO \cdot SiO_2(1) \tag{3-36}$$

3.3.2 模型构建与计算流程

Munro 等人[132,133]对铜闪速炉反应塔内精矿颗粒随高速气流反应历程的研究表明，在高强度熔炼条件下，矿物颗粒氧化速度很快，在塔内 2~3s 就完成了分解、氧化和熔化等过程，反应过程几乎不受动力学控制。因此，闪速造锍过程可以认为达到或几乎达到平衡态，可用多相平衡建模理论对该过程物料演变与元素分配行为规律进行系统研究。

铜精矿中除了含有 Cu、S、Fe、Si、Ca、Mg 等主要元素外，还伴有 Pb、Zn、As、Sb、Bi、Ni、Co、Cr、Cd、Sn、Au、Ag 等微量元素，这些元素会对炉内热效应和产品质量产生一定影响，也是当今强化铜冶炼环境保护关注的主要对象。因此，在对铜闪速熔炼多相平衡系统建模时，将考虑这些杂质元素的影响。其他微量杂质元素（如 F、Cl、Te、Se 等）建模时暂未考虑，但为了保持物料守恒，统一用 Others（其他）表示。铜精矿经过铜闪速熔炼，可得到 4 种平衡产物（铜锍、熔炼渣、烟气和烟尘）。其中，烟尘是由炉内高速气流带动细微铜锍、炉渣和少量未充分反应铜精矿颗粒飞溅混合而成，因此，假定烟尘成分与铜锍和炉渣成分一致。假定的平衡产物组成见表 3-4。

表 3-4 铜闪速熔炼平衡产物组成

产品名	产 物 组 成
铜锍（mt）	Cu_2S、Cu、FeS、FeO、Fe_3O_4、PbS、Pb、ZnS、Ni_3S_2、CoS、CdS、Cr_2S_3、SnS、As、Sb、Bi、Au、Ag_2S、其他 1
熔炼渣（sl）	Cu_2O、Cu_2S、FeS、FeO、Fe_3O_4、SiO_2、CaO、MgO、Al_2O_3、PbO、ZnO、As_2O_3、Sb_2O_3、Bi_2O_3、NiO、CoO、CdO、Cr_2O_3、SnO、其他 2
烟气（gs）	SO_2、SO_3、N_2、O_2、S_2、PbO、PbS、ZnS、Zn、AsO、AsS、As_2、SbO、SbS、Sb、BiO、BiS、Bi、CO_2、CO、H_2O
烟尘（dt）	Cu_2S、Cu、FeS、FeO、Fe_3O_4、PbS、Pb、ZnS、CoS、CdS、Cr_2S_3、Ni_3S_2、SnS、As、Sb、Bi、Au、Ag_2S、Cu_2O、Fe_2O_3、SiO_2、CaO、Al_2O_3、PbO、ZnO、As_2O_3、Sb_2O_3、Bi_2O_3、NiO、CoO、CdO、Cr_2O_3、SnO、MgO、其他 3

依据 2.3 节所述的化学平衡常数法，构建高强度闪速熔炼多相平衡数学模型，并耦合 3.2 节所构建的 FeO-Fe_2O_3-SiO_2 渣系 MQC 组元活度算法，迭代计算获取渣系中 FeO、Fe_2O_3 和 SiO_2 的组元活度因子，查阅文献资料获取铜锍和熔炼渣中其他组元活度因子。

在采用平衡常数法构建高强度闪速熔炼数学模型时，该冶炼体系包含 23 个不同"元素"（Cu、Fe、S、Si、O、Ca、Mg、Al、Pb、Zn、As、Sb、Bi、Ni、Cr、Co、Sn、Cd、Au、Ag、C、H、N），铜锍、熔炼渣和烟气中共有 58 个化学组分，那么独立反应数为 35，所列独立组分化学反应及其平衡常数见表 3-5。在冷却水流量给定条件下，产物温度根据热平衡原理迭代计算，并以产物温度为条件，由 MetCal 软件动态查询、计算获得各反应平衡常数，模型计算流程如图 3-3 所示。

表 3-5 独立组分化学反应及其平衡常数

序号	平 衡 反 应	K_j
1	$2Cu_2S(mt) + 3O_2(gs) = 2Cu_2O(sl) + 2SO_2(gs)$	K_1
2	$Cu_2S(mt) + FeO(mt) = Cu_2O(sl) + FeS(sl)$	K_2
3	$4Cu(mt) + O_2(gs) = 2Cu_2O(sl)$	K_3
4	$2FeS(mt) + 3O_2(gs) = 2FeO(sl) + 2SO_2(gs)$	K_4
5	$6FeO(mt) + O_2(gs) = 2Fe_3O_4(mt)$	K_5
6	$FeS(mt) = FeS(sl)$	K_6
7	$FeO(mt) = FeO(sl)$	K_7
8	$6FeO(sl) + O_2(gs) = 2Fe_3O_4(sl)$	K_8

序号	平　衡　反　应	K_j
9	$2PbS(mt)+3O_2(gs)=2PbO(gs)+2SO_2(gs)$	K_9
10	$2Pb(mt)+O_2(gs)=2PbO(sl)$	K_{10}
11	$PbO(sl)=PbO(gs)$	K_{11}
12	$2PbS(gs)+3O_2(gs)=2PbO(gs)+2SO_2(gs)$	K_{12}
13	$ZnS(mt)=ZnS(gs)$	K_{13}
14	$ZnS(gs)+O_2(gs)=Zn(gs)+SO_2(gs)$	K_{14}
15	$2Zn(gs)+O_2(gs)=2ZnO(sl)$	K_{15}
16	$2As_{(mt)}=As_2(gs)$	K_{16}
17	$4AsO(gs)+O_2(gs)=2As_2O_3(sl)$	K_{17}
18	$2AsS(gs)+2O_2(gs)=As_2(gs)+2SO_2(gs)$	K_{18}
19	$As_2(gs)+O_2(gs)=2AsO(gs)$	K_{19}
20	$Sb(mt)=Sb(gs)$	K_{20}
21	$SbS(gs)+O_2(gs)=Sb(gs)+SO_2(gs)$	K_{21}
22	$4SbO(gs)+O_2(gs)=2Sb_2O_3(sl)$	K_{22}
23	$2Sb(gs)+O_2(gs)=2SbO(gs)$	K_{23}
24	$Bi(mt)=Bi(gs)$	K_{24}
25	$BiS(gs)+O_2(gs)=Bi(gs)+SO_2(gs)$	K_{25}
26	$4BiO(gs)+O_2(gs)=2Bi_2O_3(sl)$	K_{26}
27	$2Bi(gs)+O_2(gs)=2BiO(gs)$	K_{27}
28	$2Ni_3S_2(mt)+7O_2(gs)=6NiO(sl)+4SO_2(gs)$	K_{28}
29	$2CoS(mt)+3O_2(gs)=2CoO(sl)+2SO_2(gs)$	K_{29}
30	$2SnS(mt)+3O_2(gs)=2SnO(sl)+2SO_2(gs)$	K_{30}
31	$2CdS(mt)+3O_2(gs)=2CdO(sl)+2SO_2(gs)$	K_{31}
32	$2Cr_2S_3(mt)+9O_2(gs)=2Cr_2O_3(sl)+6SO_2(gs)$	K_{32}
33	$2SO_2(gs)+O_2(gs)=2SO_3(gs)$	K_{33}
34	$S_2(gs)+2O_2(gs)=2SO_2(gs)$	K_{34}
35	$2CO(gs)+O_2(gs)=2CO_2(gs)$	K_{35}

3.3.3 基础热力学数据

通过查询 MetCal，可获得铜闪速熔炼平衡产物组分的标准热力学参数，列于

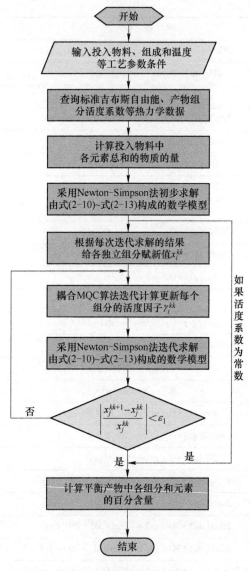

图 3-3 模型计算流程

表 3-6。根据表 3-6 中数据，采用式（3-37）可计算各相产物组分的吉布斯自由能（ΔG_T）。查询文献获得的产物组分活度因子列于表 3-7。表 3-7 中，x_{Cu_2S} 为铜锍中 Cu_2S 的摩尔分数，x_{Cu_2O}、$x_{Fe_3O_4}$ 和 x_{SiO_2} 分别为炉渣中 Cu_2O、Fe_3O_4 和 SiO_2 的摩尔分数，w_{Cu} 为铜锍品位，熔炼渣中 FeO、Fe_2O_3、SiO_2 的活度因子由构建的渣系 MQC 组元活度计算模型获得，在表中用 "MQC" 标识，烟气中各组元活度因子均为 1。

$$\Delta G_T = \Delta H_{298}^{\ominus} - T \cdot \Delta S_{298}^{\ominus} + \int_{298}^{T} c_p \mathrm{d}T - T \int_{298}^{T} \frac{c_p}{T} \mathrm{d}T \qquad (3\text{-}37)$$

表 3-6 产物组分的标准热力学参数

组分	相态	$\Delta H_{298}^{\ominus}$ /kJ·mol^{-1}	$\Delta S_{298}^{\ominus}$ /kJ·(K·mol)$^{-1}$	$c_p = a + b \times 10^{-3}T + c \times 10^5 T^{-2} + d \times 10^{-6}T^2$			
				a	b	c	d
Cu_2S	液相	-68.100	0.132	89.665	0	0	0
Cu_2O	液相	-130.224	0.096	99.916	0	0	0
FeS	液相	-64.631	0.091	62.552	0	0	0
FeO	液相	-267.276	0.058	68.201	0	0	0
Fe_3O_4	液相	-993.334	0.198	213.389	0	0	0
SiO_2	液相	-927.548	0.009	85.774	0	0	0
CaO	液相	-572.908	0.041	62.762	0	0	0
MgO	液相	-561.018	0.013	66.946	0	0	0
Al_2O_3	液相	-1595.568	0.045	144.866	0	0	0
PbO	液相	-202.249	0.073	65.000	0	0	0
PbS	液相	-93.143	0.084	66.946	0	0	0
ZnO	液相	-309.542	0.048	60.669	0	0	0
ZnS	固相	-203.005	0.059	49.753	4.488	-4.551	-0.005
As_2O_3	液相	-643.439	0.128	152.720	0	0	0
Sb_2O_3	液相	-675.490	0.143	156.904	0	0	0
Bi_2O_3	液相	-578.024	0.150	202.005	0	0	0
NiO	液相	-178.632	0.065	54.393	0	0	0
CoO	液相	-185.877	0.072	60.669	0	0	0
CdO	固相	-258.996	0.055	47.264	6.364	-4.908	0
Cr_2O_3	固相	-1134.728	0.081	119.394	9.177	-15.663	0.010
SnO	液相	-280.715	0.057	63.000	0	0	0
Ni_3S_2	液相	-170.153	0.161	191.799	0	0	0
CoS	液相	-98.002	0.058	70.002	0	0	0
CdS	固相	-149.404	0.072	48.790	6.289	-2.946	0.000
Cr_2S_3	固相	-364.017	0.148	101.393	39.628	-3.343	-0.029
SnS	液相	-109.665	0.077	74.902	0	0	0

组分	相态	$\Delta H_{298}^{\ominus}$ /kJ·mol^{-1}	$\Delta S_{298}^{\ominus}$ /kJ·(K·mol)$^{-1}$	$c_p = a + b \times 10^{-3}T + c \times 10^5 T^{-2} + d \times 10^{-6}T^2$			
				a	b	c	d
Cu	液相	8.028	0.034	32.845	0	0	0
Pb	液相	3.873	0.071	27.159	0	0	0
As	液相	21.568	0.053	28.832	0	0	0
Sb	液相	17.531	0.063	31.381	0	0	0
Bi	液相	9.271	0.072	27.197	0	0	0
Au	液相	0	0.047	−268.634	237.139	1418.470	−52.813
Ag_2S	液相	−32.791	0.143	93.002	0	0	0
SO_2	气相	−296.820	0.248	54.781	3.350	−24.745	−0.241
SO_3	气相	−395.774	0.257	77.834	4.032	−42.617	−0.369
CO_2	气相	−393.515	0.214	54.437	5.116	−43.579	−0.806
CO	气相	−110.544	0.198	29.932	5.415	−10.814	−1.054
S_2	气相	128.603	0.228	34.672	3.286	−2.816	−0.312
O_2	气相	0	0.205	34.860	1.312	−14.141	0.163
N_2	气相	0	0.192	35.369	1.041	−41.465	−0.111
PbS	气相	127.959	0.251	37.350	0.194	−2.096	0.140
PbO	气相	68.139	0.240	41.612	−3.526	−20.136	1.014
ZnS	气相	204.322	0.236	27.713	7.021	251.297	−1.105
Zn	气相	130.403	0.161	20.898	−0.133	−0.067	0.034
AsO	气相	43.807	0.230	43.664	−4.280	−11.197	0.946
AsS	气相	181.400	0.242	44.417	−4.409	−6.808	0.916
As_2	气相	190.711	0.241	36.702	1.152	−1.774	−0.507
SbO	气相	103.502	0.238	47.135	−3.650	−40.324	0.512
SbS	气相	190.794	0.250	46.218	−2.657	−34.352	0.255
Sb	气相	267.181	0.180	8.955	6.151	80.063	−0.315
BiO	气相	125.690	0.246	36.508	0.526	−3.663	0.001
BiS	气相	176.552	0.258	38.237	−1.090	−3.599	0.765
Bi	气相	208.742	0.187	21.189	−0.732	−0.203	0.320
H_2O	气相	−241.832	0.189	31.438	14.106	−24.952	−1.832

表 3-7 产物组分的活度因子

组分	产物	活 度 因 子	参考文献
Cu_2S	铜锍	1	[134~136]
Cu	铜锍	14	[59, 134]
FeS	铜锍	$0.925/(x_{Cu_2S}+1)$	[59, 134]
FeO	铜锍	$e^{5.1+6.2(\ln x_{Cu_2S})+6.4(\ln x_{Cu_2S})^2+2.8(\ln x_{Cu_2S})^3}$	[59, 134]
Fe_3O_4	铜锍	$e^{4.96+9.9(\ln x_{Cu_2S})+7.43(\ln x_{Cu_2S})^2+2.55(\ln x_{Cu_2S})^3}$	[59, 134]
PbS	铜锍	$e^{-2.716+2441/T+(0.815-3610/T)(80-w_{Cu})/100}$	[59, 134]
Pb	铜锍	23	[59, 134]
ZnS	铜锍	$e^{-2.054+6917/T-(1.522-1032/T)(80-w_{Cu})/100}$	[59, 134]
As	铜锍	$e^{(2180+3093(80-w_{Cu})/100)/T}$	[137]
Sb	铜锍	$e^{(4478+3388(80-w_{Cu})/100)/T}$	[137]
Bi	铜锍	$e^{1900/T-0.885}$	[138]
Ni_3S_2	铜锍	$e^{1377/T}$	[139]
CoS	铜锍	0.4	[139]
CdS	铜锍	1	[140]
Cr_2S_3	铜锍	1	[140]
SnS	铜锍	$10^{-2100/T-0.068}$	[139]
Au	铜锍	$10^{-3310/T+3.15}$	[139, 141]
Ag_2S	铜锍	$10^{-425/T-0.074+0.09x_{FeS}}$	[139, 141]
Cu_2O	熔炼渣	$57.14x_{Cu_2O}$	[59, 134]
Cu_2S	熔炼渣	$e^{2.46+6.22N_{Cu_2S(mt)}}$	[59, 134]
FeS	熔炼渣	70	[59, 134]
FeO	熔炼渣	MQC	活度模型
Fe_3O_4	熔炼渣	$0.69+56.8x_{Fe_3O_4}+5.45x_{SiO_2}$	[59, 134]
SiO_2	熔炼渣	MQC	活度模型
CaO	熔炼渣	1	[29]
MgO	熔炼渣	1	[29]
Al_2O_3	熔炼渣	1	[29]
PbO	熔炼渣	$e^{-3926/T}$	[139]
ZnO	熔炼渣	$e^{400/T}$	[142]
As_2O_3	熔炼渣	$3.838e^{1523/T} \cdot p_{O_2}^{0.158}$	[139]

组分	产物	活　度　因　子	参考文献
Sb_2O_3	熔炼渣	$e^{1055.66/T}$	[139]
Bi_2O_3	熔炼渣	$e^{-1055.66/T}$	[139]
NiO	熔炼渣	$e^{3050/T-1.31}$	[142]
CoO	熔炼渣	1.16	[142]
CdO	熔炼渣	1	[140]
Cr_2O_3	熔炼渣	1	[140]

3.3.4　模型计算实例

采用所构建的高强度闪速熔炼多相平衡数学模型，基于自主开发的 MetCal 平台，二次开发了铜闪速熔炼多相化学平衡计算系统，如图 3-4 所示。

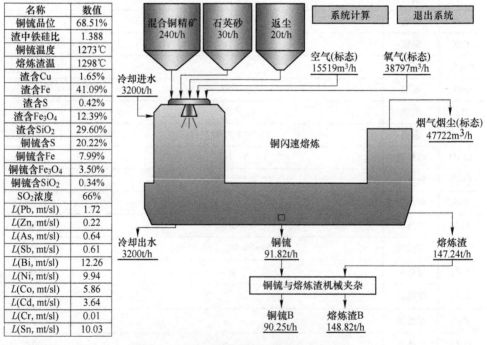

图 3-4　铜闪速熔炼多相化学平衡计算系统

以国内某铜闪速冶炼企业 2015 年 6~8 月的典型生产工况为计算条件，模拟计算了平衡产物组成，并按文献 [59，143] 夹杂率公式对结果进行了合理修正，进而验证模型计算的可靠性。

3.3.4.1 计算条件

混合铜精矿 240t/h、石英熔剂率 12.5%、返尘率 8.5%、富氧浓度 76%、氧料比（标态）172m³/t、烟尘率 5%，冷却水流量 3200 t/h。混合铜精矿化学成分和物相成分见表 3-8 和表 3-9，混合铜精矿成分采用基于精矿体系自由能最小原理的模型计算得到[144]，石英熔剂和返尘物相成分见表 3-10 和表 3-11，熔炼温度通过热平衡迭代计算获取。

表 3-8　入炉混合铜精矿化学成分（质量分数）　　　　　（%）

成分	Cu	S	Fe	SiO₂	CaO	MgO	Al₂O₃	Pb	Zn	As	Sb	Bi
含量	26.151	27.179	28.182	6.256	1.154	0.707	1.118	0.229	0.872	0.324	0.025	0.021
成分	Ni	Co	Cd	Cr	Sn	Au	Ag	C	O	H	其他	
含量	0.010	0.013	0.009	0.003	0.005	0.0003	0.007	0.314	2.589	0.038	4.794	

表 3-9　入炉混合铜精矿物相成分（质量分数）　　　　　（%）

成分	CuFeS₂	Cu₅FeS₄	Cu₂S	Cu₂O	FeS₂	FeS	2FeO·SiO₂	Fe₃O₄	SiO₂
含量	55.069	5.144	3.133	1.49	5.11	7.642	2.869	2.69	5.41
成分	CaO	CaCO₃	MgO	MgCO₃	Al₂O₃	PbS	PbO	ZnS	ZnO
含量	0.649	0.902	0.017	1.444	1.118	0.198	0.062	1.154	0.121
成分	FeAsS	As₂O₃	Sb₂S₃	Sb	Bi₂O₃	Bi₂S₃	Ni₃S₂	NiS	NiO
含量	0.285	0.255	0.019	0.011	0.008	0.017	0.004	0.003	0.006
成分	Cr	Co	Sn	Cd	Au	Ag₂S	H₂O	其他	
含量	0.003	0.013	0.005	0.009	0.0003	0.008	0.338	4.794	

表 3-10　入炉石英熔剂物相成分（质量分数）　　　　　（%）

成分	SiO₂	Fe₂O₃	H₂O	其他
含量	97.70	1.43	0.30	0.57

表 3-11　入炉返尘物相成分（质量分数）　　　　　（%）

成分	CuSO₄	Cu₂O	FeO	Fe₃O₄	SiO₂	CaO	MgO	Al₂O₃	PbSO₄
含量	25.0913	19.5680	23.2031	5.5048	13.0243	1.5680	0.5094	0.7853	0.5172
成分	PbO	ZnSO₄	ZnO	As₂O₃	Sb₂O₃	Bi₂O₃	NiSO₄	NiO	CoO
含量	0.1821	2.1969	1.6547	2.0093	0.0268	0.2206	0.0123	0.0099	0.0207
成分	CdO	Cr₂O₃	SnO	Au	Ag	其他			
含量	0.2878	0.0031	0.0070	0.0003	0.0077	3.5893			

3.3.4.2 计算结果

在以上计算条件下，采用所构建的多相平衡数学模型和计算系统，对铜闪速熔炼过程进行模拟计算，在考虑机械夹杂后，铜锍、熔炼渣、烟气和烟尘的产量与物相计算结果见表3-12~表3-15。铜锍和熔炼渣主要元素模拟结果与该时期生产取样数据的对比情况列于表3-16，杂质元素在铜锍和熔炼渣中的质量分数比与生产数据或文献数据[139,142,145]的对比结果列于表3-17。热平衡计算结果见表3-18。

表 3-12 铜锍计算结果

质量/t·h⁻¹	质量分数/%								
	Cu_2S	Cu	FeS	FeO	Fe_3O_4	PbS	Pb	ZnS	As
	85.262	0.420	7.747	0.682	3.502	0.364	1.058×10^{-3}	0.392	0.227
	Sb	Bi	Ni_3S_2	CoS	CdS	Cr_2S_3	SnS	Au	Ag_2S
	1.751×10^{-2}	6.015×10^{-2}	3.113×10^{-2}	4.331×10^{-2}	6.713×10^{-2}	9.494×10^{-14}	1.505×10^{-2}	7.956×10^{-4}	2.128×10^{-2}
90.25	Cu_2O	SiO_2	CaO	MgO	Al_2O_3	PbO	ZnO	As_2O_3	Sb_2O_3
	4.483×10^{-3}	3.441×10^{-1}	2.263×10^{-2}	1.319×10^{-2}	2.082×10^{-2}	2.248×10^{-3}	1.798×10^{-2}	5.537×10^{-3}	4.028×10^{-4}
	Bi_2O_3	NiO	CoO	CdO	Cr_2O_3	SnO	其他		
	4.983×10^{-5}	2.803×10^{-5}	6.350×10^{-5}	1.791×10^{-4}	8.167×10^{-5}	1.283×10^{-5}	0.715		

表 3-13 熔炼渣计算结果

质量/t·h⁻¹	质量分数/%								
	Cu_2S	Cu	FeS	FeO	Fe_3O_4	PbS	Pb	ZnS	As
	1.628	7.439×10^{-3}	0.253	41.123	12.387	6.444×10^{-3}	1.873×10^{-5}	6.949×10^{-3}	4.029×10^{-3}
	Sb	Bi	Ni_3S_2	CoS	CdS	Cr_2S_3	SnS	Au	Ag_2S
	3.101×10^{-4}	1.065×10^{-3}	5.513×10^{-4}	7.669×10^{-4}	1.189×10^{-3}	1.681×10^{-15}	2.666×10^{-4}	1.409×10^{-5}	3.769×10^{-4}
148.82	Cu_2O	SiO_2	CaO	MgO	Al_2O_3	PbO	ZnO	As_2O_3	Sb_2O_3
	0.386	29.598	1.947	1.135	1.791	0.193	1.547	0.476	0.035
	Bi_2O_3	NiO	CoO	CdO	Cr_2O_3	SnO	其他		
	4.286×10^{-3}	2.411×10^{-3}	5.462×10^{-3}	1.541×10^{-2}	7.025×10^{-3}	1.104×10^{-3}	7.437		

表 3-14 烟气计算结果

质量/t·h⁻¹	质量分数/%						
	SO₂	SO₃	N₂	O₂	S₂	PbO	PbS
	66.270	3.35×10^{-4}	27.32	2.63×10^{-6}	0.718	1.90×10^{-5}	1.34×10^{-2}
112.04	ZnS	Zn	AsO	AsS	As₂	SbO	SbS
	1.51×10^{-4}	0.224	0.047	0.083	0.026	1.87×10^{-6}	1.55×10^{-4}
	Sb	BiO	BiS	Bi	CO₂	CO	H₂O
	7.47×10^{-6}	1.66×10^{-6}	2.41×10^{-3}	3.27×10^{-3}	2.794	0.152	2.350

表 3-15 烟尘计算结果

质量/t·h⁻¹	质量分数/%								
	Cu₂S	Cu	FeS	FeO	Fe₃O₄	PbS	Pb	ZnS	CoS
	34.570	0.170	3.204	25.194	8.887	1.47×10^{-1}	4.28×10^{-4}	0.159	0.018
	CdS	Cr₂S₃	Ni₃S₂	SnS	As	Sb	Bi	Au	Ag₂S
14.52	2.72×10^{-2}	3.84×10^{-14}	1.26×10^{-2}	6.09×10^{-3}	9.20×10^{-2}	7.08×10^{-3}	2.43×10^{-2}	3.22×10^{-4}	8.61×10^{-3}
	Cu₂O	SiO₂	CaO	Al₂O₃	PbO	ZnO	As₂O₃	Sb₂O₃	Bi₂O₃
	0.236	18.075	1.189	1.094	0.118	0.945	0.291	0.021	2.62×10^{-3}
	NiO	CoO	CdO	Cr₂O₃	SnO	MgO	其他		
	1.47×10^{-3}	3.34×10^{-3}	9.41×10^{-3}	4.29×10^{-3}	6.74×10^{-4}	0.693	4.789		

表 3-16 铜锍和熔炼渣主要元素含量

产物	类型	Cu/%	S/%	Fe/%	SiO₂/%	Pb/%	Zn/%	As/%	Sb/%	Bi/%	Fe/SiO₂
铜锍	生产数据	68.54	19.89	6.77	0.33	0.496	0.333	0.265	0.027	0.065	—
	模拟结果	68.51	20.22	7.98	0.34	0.318	0.278	0.232	0.018	0.060	—
熔炼渣	生产数据	1.62	0.28	39.35	28.26	0.283	1.401	0.381	0.042	0.005	1.392
	模拟结果	1.65	0.42	41.09	29.60	0.185	1.247	0.365	0.029	0.0049	1.388

表 3-17 产物中杂质元素质量分数比

类型	分配比 $L_e^{\mathrm{mt/sl}}$（e 杂质元素在铜锍和熔炼渣的质量分数比）									
	Pb	Zn	As	Sb	Bi	Ni[①]	Co[①]	Sn[①]	Cd[①]	Cr
生产数据	1.75	0.24	0.69	0.64	12.58	9.00	5.33	10.50	3.40	—
模拟结果	1.72	0.22	0.64	0.61	12.26	9.94	5.86	10.03	3.64	0.01

① 表示与文献参考值对比的结果。

表 3-18　闪速熔炼热平衡计算结果

热收入					热支出				
热类型	物料	温度 /℃	热量 /MJ · h⁻¹	占比 /%	热类型	物料	温度 /℃	热量 /MJ · h⁻¹	占比 /%
物理热	混合铜精矿	25	0.00	0.00	物理热	铜锍	1273	67516.42	14.02
	石英砂	25	0.00	0.00		熔炼渣	1298	198114.47	41.12
	返尘	25	0.00	0.00		烟气	1348	132189.97	27.44
	空气	25	0.00	0.00		烟尘	1348	15925.20	3.31
	氧气	25	0.00	0.00					
化学热		25	481739.90	100.00	化学热		25		
交换热	冷却进水	35			交换热	冷却出水	40	66911.00	13.89
					自然散热		60	1082.84	0.22
合计			481739.90	100.00	合计			481739.90	100.00

由表 3-16 结果可知，铜锍中 Cu、S、Fe、SiO₂、Pb、Zn、As、Sb 和 Bi 含量的相对误差分别为 0.04%、1.66%、17.87%、3.03%、35.82%、16.60%、12.29%、32.76% 和 7.61%，熔炼渣中分别为 1.85%、50.00%、4.42%、4.74%、34.63%、10.99%、4.20%、30.95% 和 3.92%，渣中铁硅比为 0.29%。由表 3-17 中结果可知，Pb、Zn、As、Sb、Bi、Ni、Co、Sn 和 Cd 在铜锍和熔炼渣中分配比的相对误差分别为 1.71%、8.33%、7.25%、4.69%、2.54%、10.44%、9.94%、4.48% 和 7.06%。由表 3-18 中结果可知，铜闪速熔炼过程主要热收入是化学反应热，热支出主要为铜锍、熔炼渣、烟气和烟尘的物理热，占比约 86%，循环冷却水带走热量约占总热量的 14%；经热平衡计算，铜锍、熔炼渣、烟气和烟尘的温度分别为 1273℃、1298℃、1348℃ 和 1348℃。

由以上结果分析可知，模拟结果与生产实际测量值[134,146]吻合较好，表明所建数学模型能较好地反映铜闪速熔炼过程的反应机理，并基本符合生产实际情况。该模型的建立为后续开展该过程物料演变行为和杂质元素分配规律研究奠定了坚实的基础。

3.4　工艺参数对物料多相演变的影响

基于 3.3 节所构建的闪速熔炼过程多相化学平衡数学模型及计算系统，在 240t/h 混合铜精矿投料量，以及 3.3.4 节模型计算实例一致的物料成分等条件下，重点考察了 R_{OC}、w_{Flux}、w_{Bdust}、φ_{Oxy}、w_{Cu}、R_{Fe/SiO_2} 和 T 等操作工艺参数对各产物产出率、主要技术指标、主要产物组分活度与含量、杂质分配行为等的影响，为揭示对铜闪速熔炼过程物料演变行为和优化工艺参数提供理论指导。

3.4.1 氧料比

在石英熔剂率 12.5%，返尘率 8.5%，富氧浓度 76% 和熔炼渣温度 1300℃ 条件下，氧料比（标态）R_{OC} 在 $140 \sim 200\,m^3/t$ 范围内变化时，计算结果如图 3-5 ~ 图 3-14 所示。

3.4.1.1 对各相产出率和主要技术指标的影响

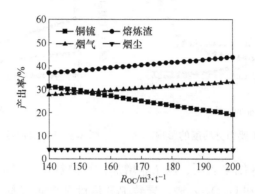

图 3-5 R_{OC} 对各相产出率的影响

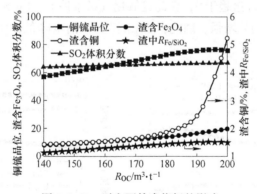

图 3-6 R_{OC} 对主要技术指标的影响

由图 3-5 可知，随 R_{OC} 增加，铜锍产率下降，熔炼渣和烟气产率升高，烟尘产出率变化不大。由图 3-6 表明，在 $R_{OC} < 190\,m^3/t$ 时，铜锍品位快速由约 57% 线性增至 76%，渣中 R_{Fe/SiO_2} 快速由约 1.13 线性增至 1.51，渣含 Fe_3O_4 由约 7.9% 线性增至近 16.8%，渣含铜由 1.44% 增至 2.46%；当 $R_{OC} > 190\,m^3/t$ 后，炉内氧势继续增强，式（3-35）所示的造锍反应正向趋势增大，使铜锍中 FeS 基本上消耗殆尽，渣含铜快速增加（最大增至 5.24%），铜锍品位稍有降低，渣中 Fe_3O_4

含量继续增大，而渣中 Fe/SiO$_2$ 和铜锍品位则开始小幅降低；因在熔炼氧化反应中不断有硫化物被氧化，烟气中 SO$_2$ 体积分数一直维持小幅增加趋势。

3.4.1.2　对铜锍和熔炼渣主要组分活度与含量的影响

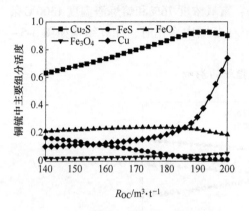 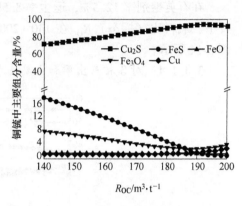

图 3-7　R_{OC} 对铜锍主要组分活度的影响　　图 3-8　R_{OC} 对铜锍主要组分含量的影响

图 3-7 和图 3-8 结果表明，随 R_{OC} 增加，炉内氧化气氛增强，因铜锍中 FeS 优先被氧化成 FeO 和 Fe$_3$O$_4$ 入渣，导致 FeS 活度和含量降低，Cu$_2$S 活度和含量相对增大，而 FeO、Fe$_3$O$_4$ 和 Cu 活度少量增大；当 R_{OC}>190m^3/t 后，FeS 基本氧化殆尽，其活度和含量趋于 0，在此过氧化气氛条件下，Cu$_2$S 和 FeO 分别被氧化为 Cu 和 Fe$_3$O$_4$ 的趋势增强，因此，Cu$_2$S 和 FeO 活度降低，而 Fe$_3$O$_4$ 和 Cu 活度和含量增大。

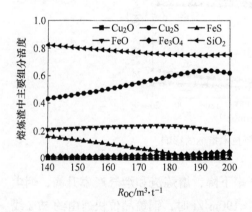 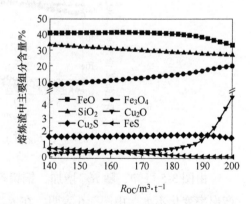

图 3-9　R_{OC} 对熔炼渣主要组分活度的影响　　图 3-10　R_{OC} 对熔炼渣主要组分含量的影响

由图 3-9 和图 3-10 可知，随 R_{OC} 增加，炉内氧势增大，FeS 氧化造渣趋势增强，FeS 活度和含量降低，熔炼渣中 FeO 和 Fe$_3$O$_4$ 活度和含量升高，由于造渣消耗，SiO$_2$ 活度和含量均降低；当 R_{OC}>190m^3/t 后，氧化造渣使得 FeS 基本耗尽，其活度和含量趋于 0，但伴随着熔炼渣中 Cu_2S 和 FeO 继续被氧化，导致 Cu_2S 和 FeO 活度和含量下降，Cu_2O 活度和含量开始快速升高，而 Fe_3O_4 活度和含量继续增大。此时强氧化气氛炉内各组分的变化称之为"过吹"现象。另外，随 R_{OC} 增加，Cu_2S 活度先增大后减低，而 Cu_2S 含量则一直在降低，这表明在"非强过吹"（即 $R_{OC}<196m^3/t$）氧势条件下，渣中铜损失以 Cu_2S 为主。

根据以上铜锍和熔炼渣组分活度和含量变化的分析结果可知，在以上入炉物料和温度控制条件下，为保证高铜锍品位和低渣含铜，R_{OC} 应控制在 $190m^3/t$ 以下。

3.4.1.3　对烟气和烟尘主要组分含量的影响

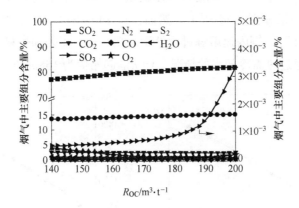

图 3-11　R_{OC} 对烟气主要组分质量分数的影响

由图 3-11 表明，随 R_{OC} 增大，烟气中 SO_2 质量分数先小幅增大后趋于稳定，S_2 含量先小幅降低后趋于稳定，在 $R_{OC}>190m^3/t$ 后，此时熔炼反应处于过氧化状态，SO_2 氧化为 SO_3 趋势增强，因此，SO_3 含量和氧势快速增大。

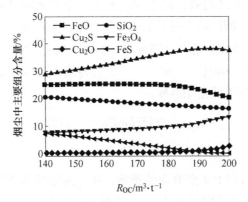

图 3-12　R_{OC} 对烟尘主要组分含量的影响

由图 3-12 结果表明，在 R_{OC} 增至约 190m^3/t 之前，烟尘中 FeS 和 SiO_2 含量降低，Cu_2S 和 Fe_3O_4 含量增加，FeO 和 Cu_2O 变化不明显，当 $R_{OC} > 190m^3$/t 后，Cu_2O 含量开始增大，Cu_2S 含量稍有下降，FeO 含量快速降低，Fe_3O_4 含量增幅加大，SiO_2 和 FeS 含量继续降低。烟尘主要组分含量变化情况与铜锍和熔炼渣对应组分一致。

3.4.1.4　对热量控制的影响

为研究 R_{OC} 对闪速熔炼过程热量控制的影响，在以上投料量和工艺控制参数条件下，固定熔炼渣温度（1300℃），考察了 R_{OC} 变化对冷却水需求量的影响，结果如图 3-13 所示；另外，固定冷却水流量（3200t/h），考察了 R_{OC} 变化对熔炼渣温的影响，结果如图 3-14 所示。然而，在 140～240m^3/t 范围内试算时发现，当 $R_{OC} < 155m^3$/t 时，铜闪速熔炼过程处于欠热状态，需外加燃料。因此，在正式计算时，仅考虑过热需冷却水的情况，即 R_{OC} 起始值为 155m^3/t。

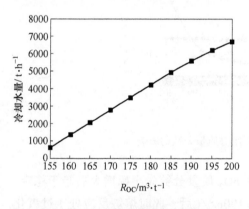

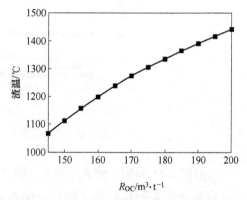

图 3-13　R_{OC} 对冷却水需求量的影响　　　图 3-14　R_{OC} 对熔炼温度（渣温）的影响

由图 3-13 和图 3-14 可知，随着 R_{OC} 增大，冷却水需求量和熔炼渣温均呈良好的对数增大趋势，回归拟合得到的 R_{OC} 和冷却水需求量（q_{water}）、R_{OC} 和熔炼渣温度（T_{slag}）之间的函数关系，分别见式（3-38）和式（3-39），回归决定系数 R^2 值分别为 0.9995 和 0.9956。因此，在一定的冷却水供应能力条件下，要维持一定的渣温，氧料比的可调范围有限。

$$q_{water} = 24276 \ln R_{OC} - 121859 \qquad (3-38)$$

$$T_{slag} = 1162.3 \ln R_{OC} - 4705.5 \qquad (3-39)$$

综合考虑 R_{OC} 对以上 4 个方面的影响，在一定冷却水流量条件下，为达到较高铜锍品位和较低渣含铜冶炼的目的，且控制好热平衡关系，并保证渣中 Fe_3O_4 含量低于饱和浓度[114]，避免因 Fe_3O_4 饱和析出引起的渣黏度过大、熔炼渣-铜锍分离困难、渣含铜升高和排渣劳动强度增大等问题，R_{OC} 建议控制在 $170 \sim 175m^3/t$ 之间，继续增加 R_{OC} 意义不大。

3.4.2 石英熔剂率

在氧料比 $172m^3/t$，返尘率 8.5%，富氧浓度 76% 和熔炼渣温度 1300℃ 条件下，石英熔剂率 w_{Flux} 在 7%~27% 范围内变化时，计算结果如图 3-15~图 3-24 所示。

3.4.2.1 对各相产出率和主要技术指标的影响

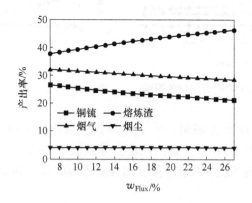

图 3-15　w_{Flux} 对各相产出率的影响

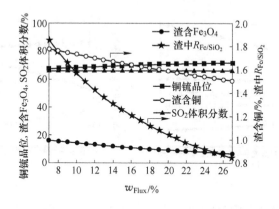

图 3-16　w_{Flux} 对主要技术指标的影响

由图 3-15 和图 3-16 结果可知，随 w_{Flux} 增加，造渣趋势增强，渣量增大，因此，铜锍和烟气产率下降，熔炼渣产率大幅提高，而烟尘产率变化不大；铜锍品位小幅增大，渣含铜小幅降低，烟气中 SO_2 质量浓度变化不大，渣中 Fe_3O_4 含量降低，渣中 R_{Fe/SiO_2} 快速降低。

因此，提高 w_{Flux}，虽在一定程度上有利于提高铜锍品位、降低渣含铜、改善渣流动性、减少烟气处理量，但同时会降低铜锍产能、增加原料成本。

3.4.2.2 对铜锍和熔炼渣主要组分活度与含量的影响

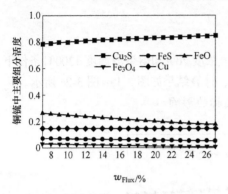 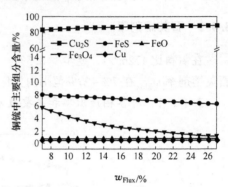

图 3-17 w_{Flux} 对铜锍主要组分活度的影响　　图 3-18 w_{Flux} 对铜锍主要组分含量的影响

图 3-17 和图 3-18 数据表明，随 w_{Flux} 增加，因添加熔剂的主要作用是造渣，铜锍中 FeO 与熔剂中 SiO_2 发生造渣反应，导致渣中 FeO 活度和含量降低，Cu_2S 活度和含量相对稍有增大，Fe_3O_4 活度和含量小幅降低，其他组分活度和含量变化不大。

由以上分析可知，在一定氧料比、温度等条件下，调 w_{Flux} 对铜锍中组分活度和含量影响不大。

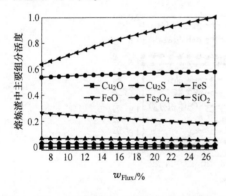 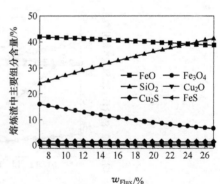

图 3-19 w_{Flux} 对熔炼渣主要组分活度的影响　　图 3-20 w_{Flux} 对熔炼渣主要组分含量的影响

由图 3-19 和图 3-20 结果可知，随 w_{Flux} 增加，熔炼渣中 SiO_2 活度和含量快速升高，FeO 造渣趋势增强，其活度和含量随之降低，虽然 Fe_3O_4 活度较小，但其组分含量降幅较大，这是因为 FeO 活度和含量降低，增强了式（3-33）反应正向进行的趋势；熔炼渣中其他各组分活度和含量变化不明显。可见，提高 w_{Flux} 有利于增强造渣趋势和降低高 Fe_3O_4 带来的不利影响。

3.4.2.3 对烟气和烟尘主要组分含量的影响

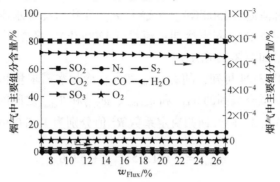

图 3-21 w_{Flux} 对烟气主要组分质量分数的影响

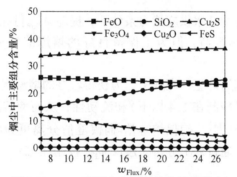

图 3-22 w_{Flux} 对烟尘主要组分含量的影响

图 3-21 和图 3-22 数据表明，提高 w_{Flux} 对烟气组分含量的影响不大，烟尘中 SiO_2 和 Fe_3O_4 含量分别呈快速升高和降低的趋势，Cu_2S 含量稍有增大，FeO 含量微量降低，其他组分含量变化不明显。因为建模时假设烟尘成分主要由少量铜锍和熔炼渣按一定比例飞溅混合而构成，因此，熔剂率对其成分含量的影响与对铜锍和熔炼渣组分含量的影响规律基本一致。

3.4.2.4 对热量控制的影响

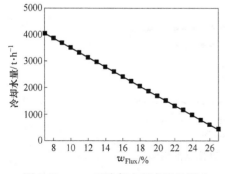

图 3-23 w_{Flux} 对冷却水需求量的影响

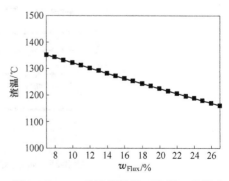

图 3-24 w_{Flux} 对熔炼温度（渣温）的影响

为研究 w_{Flux} 对闪速熔炼过程热量控制的影响，在以上投料量和工艺控制参数条件下，固定熔炼渣温（1300℃），考察了 w_{Flux} 变化对冷却水需求量的影响，结果如图 3-23 所示；另外，固定冷却水流量（3200t/h），考察了 w_{Flux} 变化对熔炼渣温的影响，结果如图 3-24 所示。

由图 3-23 和图 3-24 可知，随着 w_{Flux} 增大，冷却水需求量和熔炼渣温均呈线性减少趋势，回归拟合得到的 w_{Flux} 和 q_{water}、w_{Flux} 和 T_{slag} 之间的函数关系，分别见式（3-40）和式（3-41），回归决定系数 R^2 值分别为 1 和 0.9991。

$$q_{water} = -181.15w_{Flux} + 5316 \qquad (3-40)$$

$$T_{slag} = -9.6w_{Flux} + 1418 \qquad (3-41)$$

可见，在一定的冷却水供应能力条件下，提高 w_{Flux} 可在一定程度上防止炉体温度过高，提高炉体寿命，但为了保持良好的熔炼渣渣型，调整范围应控制适当。

在高强度铜闪速熔炼生产实践中，为获得较好的熔渣碱度（可由渣中 R_{Fe/SiO_2} 这一指标衡量，建议控制在 1.4 以下）和流动性，从而使熔炼渣中 Fe_3O_4 含量在其饱和析出浓度之下[114]，确保熔炼渣-铜锍澄清分离更为顺利，并能在一定程度上提高铜锍产率，通过以上分析，建议 w_{Flux} 控制在 12%~13% 之间。

3.4.3　熔炼返尘率

在氧料比 172m³/t，石英熔剂率 12.5%，富氧浓度 76% 和熔炼渣温度 1300℃ 条件下，返尘率 w_{Bdust} 在 0~20% 范围内变化时，计算结果如图 3-25~图 3-34 所示。

3.4.3.1　对各相产出率和主要技术指标的影响

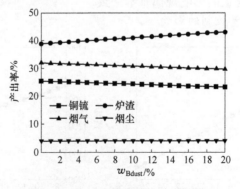

图 3-25　w_{Bdust} 对各相产出率的影响

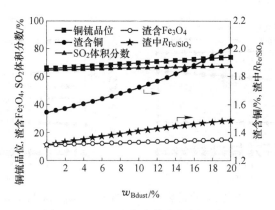

图 3-26 w_{Bdust} 对主要技术指标的影响

由图 3-25 和图 3-26 结果可知，随 w_{Bdust} 增加，铜锍和烟气产率稍有下降，炉渣产率增大，烟尘率变化不大；铜锍品位增大，渣含 Fe_3O_4 和烟气中 SO_2 体积浓度稍有增大，渣含铜和渣中 R_{Fe/SiO_2} 升高，这是因为返尘主要成分是 $CuSO_4$、Cu_2O、FeO、Fe_3O_4 和 SiO_2，经核算返尘含铜 27.53%，高于混合铜精矿含铜 26.24%，且返尘中 R_{Fe/SiO_2} 高达 1.69，相当于额外添加了 Cu_2O 和铁氧化物。

可见，提高 w_{Bdust}，虽然在一定程度上有利于提高铜锍品位和减少烟气处理量，但却会带来铜锍产能下降、渣含铜升高、熔渣流动性变差等问题。

3.4.3.2 对铜锍和熔炼渣主要组分活度与含量的影响

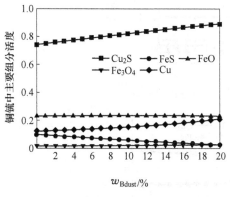

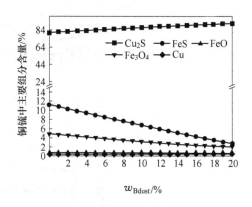

图 3-27 w_{Bdust} 对铜锍主要组分活度的影响   图 3-28 w_{Bdust} 对铜锍主要组分含量的影响

图 3-27 和图 3-28 数据表明，随 w_{Bdust} 增加，铜锍中 FeS 组分含量和活度小幅降低，Cu_2S 和 Cu 组分活度和含量则相对少量增大，其他组分活度和含量变化不大。

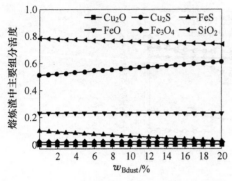

图 3-29　w_{Bdust} 对熔炼渣主要组分活度的影响　　图 3-30　w_{Bdust} 对熔炼渣主要组分含量的影响

由图 3-29 和图 3-30 结果可知，随 w_{Bdust} 增加，熔炼渣中 FeS 和 Cu_2S 活度和含量呈现与铜锍中类似的变化情况。这是因为作为返尘的主要组分之一，Cu_2O 促进了其与 FeS 造锍反应的发生，使得 FeS 活度和含量降低，而 Cu_2S 活度和含量相对升高。熔炼炉渣中其他组分活度和含量变化不大。

3.4.3.3　对烟气和烟尘主要组分含量的影响

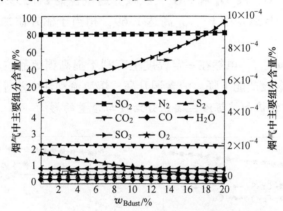

图 3-31　w_{Bdust} 对烟气主要质量分数的影响

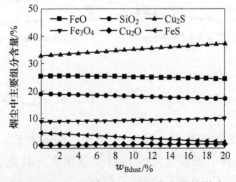

图 3-32　w_{Bdust} 对烟尘主要组分含量的影响

图 3-31 和图 3-32 数据表明，提高 w_{Bdust}，烟气中硫势降低而氧势升高，其他组分含量变化不明显；除 Cu_2S 和 FeS 含量分别稍有升高和降低外，烟尘中其他组分含量变化不大。

3.4.3.4 对热量控制的影响

为研究 w_{Bdust} 对闪速熔炼过程热量控制的影响，在以上投料量和工艺控制参数条件下，固定熔炼渣温（1300℃），考察了 w_{Bdust} 变化对冷却水需求量的影响，结果如图 3-33 所示；另外，固定冷却水流量（3200 t/h），考察了 w_{Bdust} 变化对熔炼渣温的影响，结果如图 3-34 所示。

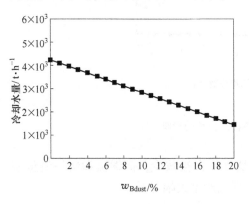

图 3-33 w_{Bdust} 对冷却水需求量的影响　　　　图 3-34 w_{Bdust} 对熔炼温度（渣温）的影响

由图 3-33 和图 3-34 可知，随着 w_{Bdust} 增大，冷却水需求量和熔炼渣温均呈线性减少趋势，回归拟合得到的 w_{Bdust} 和 q_{water}、w_{Bdust} 和 T_{slag} 之间的函数关系，分别见式（3-42）和式（3-43），回归决定系数 R^2 值分别为 1 和 0.9997。可见，冶炼厂在冷却水供应能力一定的条件下，提高 w_{Bdust} 可在一定程度上起到降低炉温的目的。

$$q_{water} = -139.24 w_{Bdust} + 4233.6 \tag{3-42}$$

$$T_{slag} = -7.588 w_{Bdust} + 1262.4 \tag{3-43}$$

为获得较好的熔渣碱度（可由渣中 R_{Fe/SiO_2} 这一指标衡量，建议控制在 1.4 以下），保证熔渣流动性，综合以上分析，建议 w_{Bdust} 控制在 8.5% 左右。

3.4.4 富氧浓度

在氧料比 172m³/t，石英熔剂率 12.5%，返尘率 8.5% 和熔炼渣温度 1300℃ 条件下，富氧浓度 φ_{Oxy} 在 25%~95% 范围内变化时，计算结果如图 3-35~图 3-42 所示。

3.4.4.1　对各相产出率和主要技术指标的影响

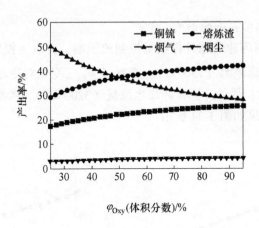

图 3-35　φ_{Oxy} 对各相产出率的影响

由图 3-35 可知，随 φ_{Oxy} 增加，由于烟气量大幅减少，而铜锍和熔炼渣量基本不变，因此，铜锍和熔炼渣产率升高，烟气产率大幅降低。

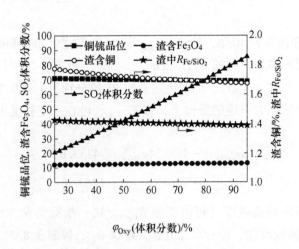

图 3-36　φ_{Oxy} 对主要技术指标的影响

图 3-36 数据表明，提高 φ_{Oxy}，由于鼓入总氧量不变，烟气量减少，烟气 SO_2 体积浓度大幅提升（即分压增大），渣含铜和渣中 R_{Fe/SiO_2} 微量降低。

3.4.4.2 对铜锍和熔炼渣主要组分活度与含量的影响

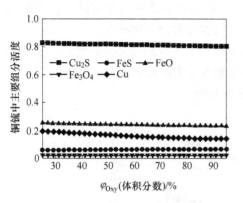

图 3-37 φ_{Oxy} 对铜锍主要组分活度的影响

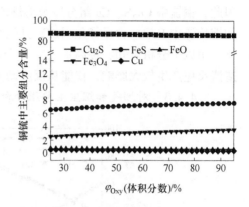

图 3-38 φ_{Oxy} 对铜锍主要组分含量的影响

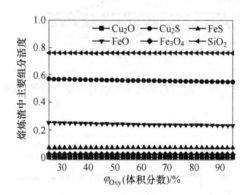

图 3-39 φ_{Oxy} 对熔炼渣主要组分活度的影响

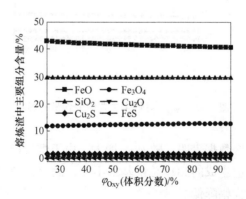

图 3-40 φ_{Oxy} 对熔炼渣主要组分含量的影响

图 3-37~图 3-40 结果表明，随 φ_{Oxy} 增加，由于烟气中 SO_2 分压稍有升高，因此，铜锍中 Cu_2S、Cu 组分以及熔炼渣中 FeO 活度和含量均稍有降低，而铜锍和熔炼渣中 Fe_3O_4 含量微量增加，其他组分活度和含量变化不大。

由以上分析可知，提高 φ_{Oxy}，不会对 FeS、Cu_2S 等组分参与的氧化、造锍和造渣反应产生较大影响，仅能从反应动力学角度增大冶炼强度。

3.4.4.3　对烟气和烟尘主要组分含量的影响

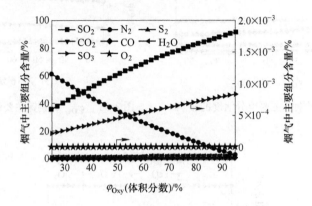

图 3-41　φ_{Oxy} 对烟气主要组分质量分数的影响

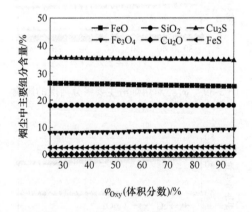

图 3-42　φ_{Oxy} 对烟尘主要组分含量的影响

图 3-41 和图 3-42 数据表明，随 φ_{Oxy} 增大，由于烟气产率降低（即烟气体积降低），而由造锍反应生成的 SO_2 总量基本不变，因此，烟气中 SO_2 含量大幅升高，而 N_2 浓度相对大幅降低。

综上分析可知，如果制氧、高 SO_2 浓度烟气处理技术能满足要求，提高 φ_{Oxy} 有利于降低制酸成本，提高铜锍产量，减少烟气排放量，降低环境污染风险。

3.4.5 铜锍品位

在石英熔剂率 12.5%，返尘率 8.5%，富氧浓度 76% 和熔炼渣温度 1300℃ 条件下，表观铜锍品位 w_{Cu} 在 50%~75% 范围内变化时，计算结果如图 3-43~图 3-50 所示。

3.4.5.1 对各相产出率和主要技术指标的影响

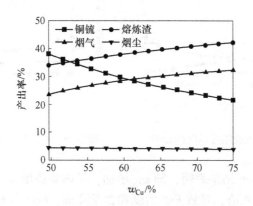

图 3-43　w_{Cu} 对各相产出率的影响

由图 3-43 可知，随 w_{Cu} 增加，铜锍产率下降，熔炼渣和烟气产率升高，烟尘产率变化不大。

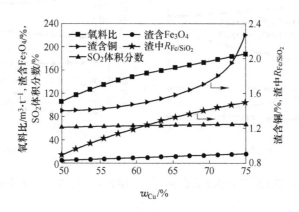

图 3-44　w_{Cu} 对主要技术指标的影响

图 3-44 数据表明，在一定的投料量、温度等条件下，提高 w_{Cu} 可通过提高氧料比来实现，但由于炉内氧势提高，氧化、造锍和造渣等反应趋势增强，必然导致渣含铜、渣含 Fe_3O_4、渣中 R_{Fe/SiO_2} 和烟气中 SO_2 浓度升高。

3.4.5.2　对铜锍和炉渣主要组分含量的影响

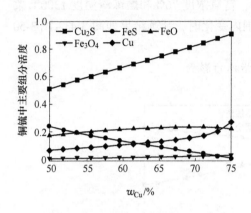 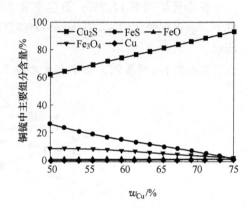

图 3-45　w_{Cu} 对铜锍主要组分活度的影响　　　　图 3-46　w_{Cu} 对铜锍主要组分含量的影响

图 3-45 和图 3-46 结果表明，随 w_{Cu} 增加，炉内氧势增大，铜锍中 FeS 先被氧化成 FeO 和 Fe_3O_4 入渣，导致 FeS 活度和含量降低，FeO 和 Fe_3O_4 活度和含量微量增加，而 Cu_2S 活度和含量相对增加。

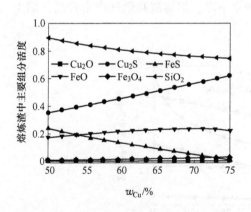

图 3-47　w_{Cu} 对熔炼渣主要组分活度的影响　　　　图 3-48　w_{Cu} 对熔炼渣主要组分含量的影响

由图 3-47 和图 3-48 可知，随 w_{Cu} 增加，炉内氧势增大，氧化、造渣反应趋势增大，熔炼渣中 FeS 活度和含量降低，FeO 活度和含量增大，Fe_3O_4 活度和含量增加，由于造渣消耗，SiO_2 活度和含量均降低；随 w_{Cu} 增加，Cu_2O 和 Cu_2S 活度和含量均呈增大趋势，但是后者增幅更明显，因此，在正常的闪速熔炼条件下，渣含铜的损失以 Cu_2S 的机械夹杂为主。

3.4.5.3 对烟气和烟尘主要组分含量的影响

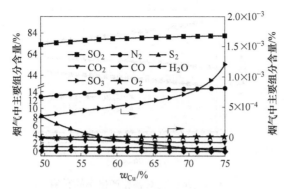

图 3-49 w_{Cu} 对烟气主要组分质量分数的影响

图 3-49 数据表明,随 w_{Cu} 增大,烟气中 SO_2 质量含量先小幅增大后趋于稳定,S_2 含量先小幅降低后趋于稳定,SO_3 含量增大。

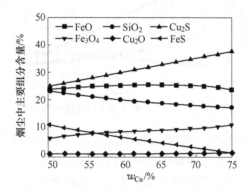

图 3-50 w_{Cu} 对烟尘主要组分含量的影响

图 3-50 结果表明,随 w_{Cu} 增大,烟尘中 FeS 和 SiO_2 含量降低,Cu_2S 和 Fe_3O_4 含量增加,FeO 含量先小幅增大后趋于稳定,Cu_2O 含量变化不明显。

综上分析可知,高铜锍品位下的闪速熔炼生产,在降低吹炼负担的同时,通常会伴随低铜锍产率、高渣含铜、高铁硅比和高渣含 Fe_3O_4 等不良后果,因此,铜锍品位的控制选择可根据后续吹炼工艺的选择来确定。

3.4.6 渣中 R_{Fe/SiO_2}

在氧料比 $172m^3/t$,返尘率 8.5%,富氧浓度 76% 和熔炼渣温度 1300℃条件下,渣中 R_{Fe/SiO_2} 在 0.8 ~ 1.8 范围内变化时,计算结果如图 3-51 ~ 图 3-58 所示。

3.4.6.1 对各相产出率和主要技术指标的影响

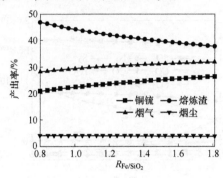

图 3-51 R_{Fe/SiO_2}对各相产出率的影响

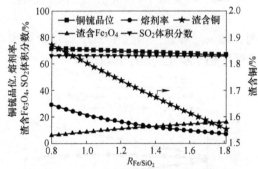

图 3-52 R_{Fe/SiO_2}对主要技术指标的影响

由图 3-51 和图 3-52 结果可知，提高 R_{Fe/SiO_2}，可通过降低熔剂率来实现，此时，铜锍和烟气产率增大，熔炼渣产率降低，烟尘变化不大；铜锍品位和渣含铜小幅降低，烟气中 SO_2 质量浓度变化不大，而渣含 Fe_3O_4 增加。

因此，提高 R_{Fe/SiO_2}，可在一定程度上提高铜锍产率，降低渣率和渣含铜，但会导致铜锍质量和熔渣流动性变差。

3.4.6.2 对铜锍和熔炼渣主要组分活度与含量的影响

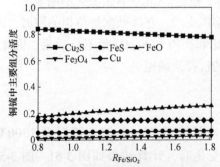

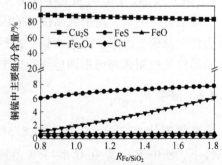

图 3-53 R_{Fe/SiO_2}对铜锍主要组分活度的影响   图 3-54 R_{Fe/SiO_2}对铜锍主要组分含量的影响

图 3-53 和图 3-54 数据表明，随 R_{Fe/SiO_2} 增加，由于添加 SiO_2 量减少，FeO 造渣趋势降低，使得铜锍中 FeO 和 Fe_3O_4 活度和含量均有所增加，Cu_2S 活度和含量相对少量降低，FeS 活度和含量少量增加。

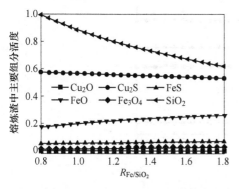

图 3-55　R_{Fe/SiO_2} 对熔炼渣主要组分活度的影响　　图 3-56　R_{Fe/SiO_2} 对熔炼渣主要组分含量的影响

由图 3-55 和图 3-56 结果可知，随 R_{Fe/SiO_2} 增加，熔炼渣中 SiO_2 活度和含量快速降低，造渣趋势减弱，FeO 和 Fe_3O_4 活度和含量随之升高，而其他各组分活度和含量变化不明显。可见，R_{Fe/SiO_2} 增加相当于降低了熔剂率，虽然有利于降低渣含铜，但是却不利于顺利造渣和改善渣的流动性。

3.4.6.3　对烟气和烟尘主要组分含量的影响

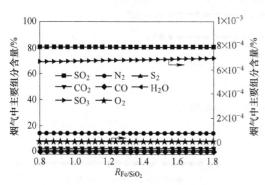

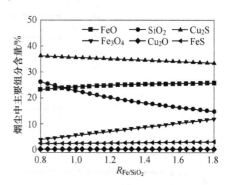

图 3-57　R_{Fe/SiO_2} 对烟气主要组分质量分数的影响　　图 3-58　R_{Fe/SiO_2} 对烟尘主要组分含量的影响

图 3-57 和图 3-58 数据表明，提高 R_{Fe/SiO_2} 对烟气组分含量影响不大，烟尘中 SiO_2 和 Fe_3O_4 含量分别呈现快速降低和升高的趋势，FeO 含量稍有升高，Cu_2S 含量稍有升高，其他组分含量变化不明显。

3.4.7　熔炼温度

在氧料比 172m³/t，石英熔剂率 12.5%，返尘率 8.5% 和富氧浓度 76% 条件下，熔炼渣温度 T 在 1200~1400℃范围内变化时，计算结果如图 3-59~图 3-66 所示。

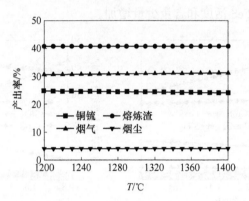

图 3-59　T 对各相产出率的影响

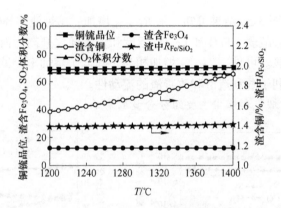

图 3-60　T 对主要技术指标的影响

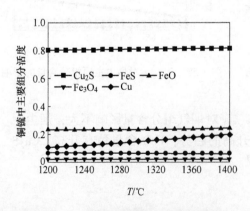

图 3-61　T 对铜锍主要组分活度的影响

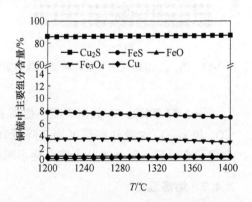

图 3-62　T 对铜锍主要组分含量的影响

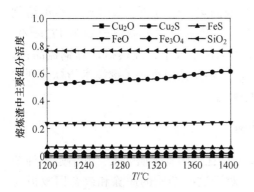

图 3-63 T 对熔炼渣主要组分活度的影响

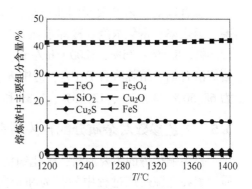

图 3-64 T 对熔炼渣主要组分含量的影响

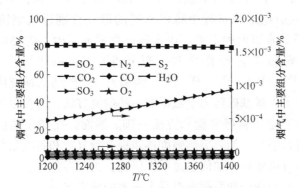

图 3-65 T 对烟气主要组分质量分数的影响

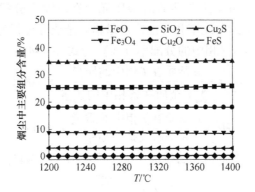

图 3-66 T 对烟尘主要组分含量的影响

由图 3-59~图 3-66 结果可知,提高熔炼温度 T,渣含铜微量增加,而各相产率和铜锍品位等其他技术指标、铜锍和熔炼渣组分活度和含量、烟气和烟尘主要组分含量变化不大。

综合以上工艺参数对闪速熔炼产出影响的热力学分析，氧料比、石英熔剂率、返尘率、富氧浓度、冷却水流量等工艺参数的较优控制值分别为 $172m^3/t$、12.5%、8.5%、76%、3200 t/h 左右。在此优化条件下，经模拟计算铜锍品位、熔炼渣含铜、熔炼渣含 Fe_3O_4、渣中 R_{Fe/SiO_2}、熔炼渣温度等关键技术指标分别约为 68.50%、1.65%、12.40%、1.39 和 1300℃。

3.5 工艺参数对杂质分配行为的影响

作为铜冶炼的主要原料，硫化铜精矿中往往伴随着杂质元素，弄清楚各种杂质元素在造锍熔炼过程中的行为和走向，对于这些杂质的脱除和综合回收极为重要。

通常由铜精矿带入冶炼系统的 Pb、Zn、As、Sb、Bi、Ni、Co、Cd、Cr、Sn 等杂质元素在造锍熔炼过程中将以不同的形式分别进入铜锍、熔炼渣和烟气中。这些杂质元素以何种形式、进入各产物相的多少，主要取决于热力学参数、动力学因素和工艺操作条件。近年来，Yazawa[147~152]、Font[153,154]、Nagamori[138,155,156]、Sohn[30,141,157~160]、谭鹏夫[134,139] 等人研究团队开展了相关研究工作，提供了大量基础热力学数据和一些研究方法，为揭示炼铜过程的杂质行为和分配规律奠定了良好实验和方法基础。然而，在如今铜精矿成分日益复杂、杂质含量日益攀升，加之冶炼强度逐步提升等复杂和苛刻条件下，杂质行为和分配规律是否有所变化，如何通过系统研究，为探寻经济、高效、绿色的除杂措施提供更为丰富的理论和数据支撑是个重要的研究课题。

为系统研究铜闪速熔炼过程的杂质行为，本节采用已开发的铜闪速熔炼多相化学平衡计算系统，考察工艺参数对杂质元素在产物中分配率和分配比等的影响，并采用杂质元素的分配率和分配比定量描述杂质分配行为规律。

定义 e 杂质元素在 f 相中的分配率（%）为式（3-44）：

$$D_e^f = \frac{e \text{ 杂质在 } f \text{ 相中的质量}}{\sum e \text{ 杂质在各相中的质量}} \times 100\% \tag{3-44}$$

或

$$D_e^f = \frac{e \text{ 杂质在 } f \text{ 相中的质量}}{e \text{ 杂质入炉总质量}} \times 100\%$$

定义 e 杂质元素在铜锍和熔炼渣中的分配比为式（3-45）：

$$L_e^{mt/sl} = \frac{D_e^{mt}}{D_e^{sl}} \tag{3-45}$$

式中，e 代表 Pb、Zn、As、Sb、Bi、Ni、Co、Cd、Cr、Sn 等元素，f 代表 mt（铜锍），sl（熔炼渣），gt（烟气烟尘）。

在闪速熔炼过程中，杂质元素进入烟气和熔炼渣的杂质分别经过余热锅炉与收尘和水淬与选矿后，以返尘和渣精矿形式部分返回熔炼系统，在系统内形成循环。因此，为有效脱除杂质，通常期望杂质尽可能少入铜锍、多入熔炼渣（即 D_e^{mt} 要小、D_e^{sl} 要大或者 $L_e^{mt/sl}$ 要小），从系统直接开路、降低杂质循环量，最终使铜锍中杂质含量降低。

3.5.1 氧料比

在与 3.4.1 节相同条件下，采用所构建的数模计算系统，考察了氧料比在 140~200m³/t 范围内变化时，对杂质元素在产物中的分配率和分配比等的影响，结果如图 3-67~图 3-70 所示。

3.5.1.1 对杂质元素在产物中分配率的影响

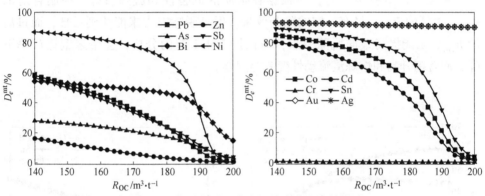

图 3-67 R_{OC} 对杂质元素在铜锍中分配率的影响

由图 3-67 可知，提高 R_{OC}，Pb、Zn、As 和 Sb 元素在铜锍中分配率快速降低，Bi、Ni、Co、Cd 和 Sn 在铜锍中的分配率先缓后快降低，Au 和 Ag 主要在铜锍中富集且分配率微量降低，Cr 元素分配率较小且变化不明显；当 $R_{OC} \geqslant 200m^3/t$ 后，由于此时炉内氧化气氛较强，大部分杂质元素已充分被氧化入渣，其在铜锍中的分配率将降至较低水平。

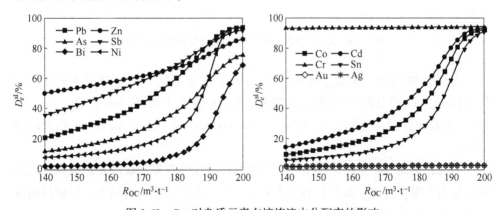

图 3-68 R_{OC} 对杂质元素在熔炼渣中分配率的影响

因此，在造锍熔炼时，提高 R_{OC}，可达到氧化脱除铜锍中杂质的目的，当 $R_{OC} \geqslant 200m^3/t$ 后，除杂效果已较好，继续提高 R_{OC} 只会增大能耗和生产成本，且不利于贵金属在铜锍中富集。

由图 3-68 可知，随 R_{OC} 增大，除 Cr、Au 和 Ag 在熔炼渣中的分配率变化不大外，其他杂质元素在熔炼渣中的分配率均先增大后趋于稳定，且各杂质元素在熔炼渣中分配率增幅加快对应的 R_{OC} 区间有所不同，即杂质元素氧化脱除的难易程度不同。同样，在 R_{OC} 增至 $200m^3/t$ 后，各杂质元素在熔炼渣中分配率趋于稳定。

可见，在造锍熔炼时，应根据各杂质的危害性和脱除目标，控制合适的 R_{OC}，过低的 R_{OC}，虽有一定的除杂效果，但是脱除能力未能达到最佳，而过高的 R_{OC}，虽能提高杂质脱除效果，但根据 3.4.1 节的分析，会带来铜锍产率下降、渣含铜升高和熔炼渣流动性变差等问题。

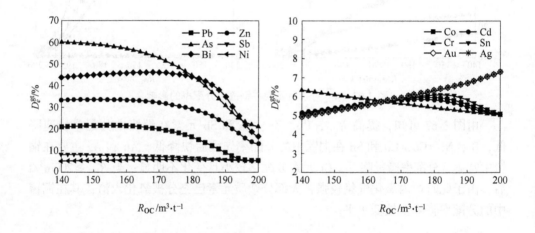

图 3-69　R_{OC} 对杂质元素在烟气烟尘中分配率的影响

由图 3-69 可知，随 R_{OC} 增大，Pb、Zn 和 Bi 在烟气烟尘中分配率先缓增后快速降低，As 的分配率先缓后快降低，Sb 和 Cr 的分配率小幅降低，Co、Cd 和 Sn 元素的分配率先增大后减小，Ni 的分配率变化不大，Au 和 Ag 的分配率增大。

因此，提高 R_{OC} 虽然也能在一定程度上提高这些有害杂质的脱除效果，但是脱除能力有限，当 R_{OC} 提高至 $170m^3/t$ 以上时，脱除效果增幅加大，但如前所述过高的 R_{OC} 会对铜锍质量和渣的流动性产生不利影响。

3.5.1.2 对杂质元素在铜锍和熔炼渣中分配比的影响

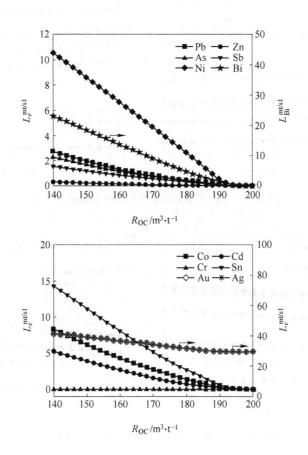

图 3-70 R_{OC} 对杂质元素在铜锍与熔炼渣中分配比的影响

由图 3-70 可知，Zn 和 Cr 在铜锍和熔炼渣中的分配比小于 1，可见其更容易进入炉渣相；提高 R_{OC}，除 Au 和 Ag 在铜锍与熔炼渣中分配比先快后慢降低外，其他杂质在两相中的分配比均先快速降低后趋于 0，R_{OC} 在 192m³/t 附近是较明显的临界点。因此，提高 R_{OC}，总体上有利于各杂质元素的入渣脱除。

3.5.2 石英熔剂率

在 3.4.2 节相同条件下，考察了石英熔剂率 w_{Flux} 在 7%~27% 范围内变化时，对杂质元素在产物中的分配率和分配比等的影响，结果如图 3-71~图 3-74 所示。

3.5.2.1 对杂质元素在产物中分配率的影响

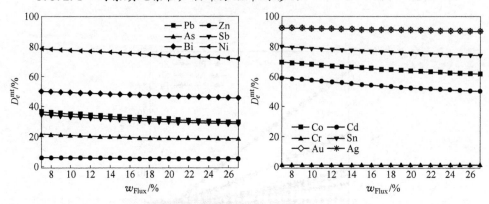

图 3-71 w_{Flux} 对杂质元素在铜锍中分配率的影响

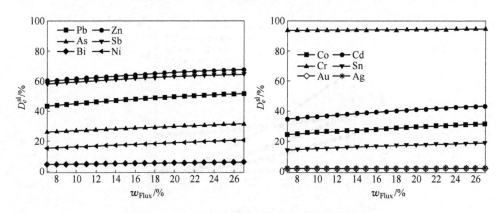

图 3-72 w_{Flux} 对杂质元素在熔炼渣中分配率的影响

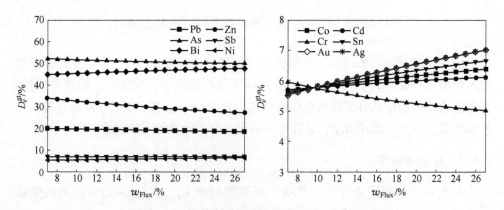

图 3-73 w_{Flux} 对杂质元素在烟气烟尘中分配率的影响

由图 3-71~图 3-73 结果可知，随 w_{Flux} 增加，除 Cr、Au 和 Ag 元素在铜锍和熔炼渣中分配率变化不大外，其他杂质元素在两相中的分配率分别呈微量降低和升高趋势；Pb、Zn、As、Sb 和 Cr 在烟气烟尘中分配率稍有降低，其他杂质元素分配率稍有增大。

由以上各杂质元素在产物中分配率的变化情况可以看出，提高 w_{Flux}，对促进部分杂质元素入渣脱除和减少在烟气中的排放量有利，但是作用不显著。

3.5.2.2 对杂质元素在铜锍和熔炼渣中分配比的影响

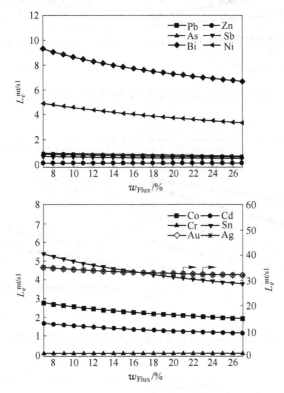

图 3-74 w_{Flux} 对杂质元素在铜锍与熔炼渣中分配比的影响

由图 3-74 可知，提高 w_{Flux}，可在一定程度上提高熔炼系统中 Bi、Ni、Co、Cd 和 Sn 等杂质元素的脱除效果，但不利于贵金属在铜锍中富集，且对其他杂质元素的脱除作用不明显。因此，生产实践中不建议将调整 w_{Flux} 作为提高除杂效果的主要措施。

3.5.3 熔炼返尘率

在 3.4.3 节相同条件下，考察了返尘率 w_{Bdust} 在 0~20% 范围内变化时，对杂质元素在产物中的分配率和分配比等的影响，结果如图 3-75~图 3-78 所示。

3.5.3.1　对杂质元素在产物中分配率的影响

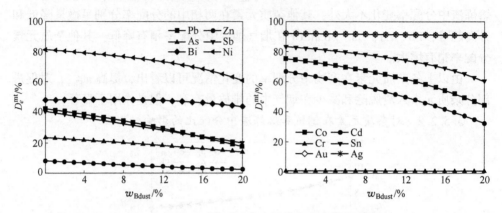

图 3-75　w_{Bdust} 对杂质元素在铜锍中分配率的影响

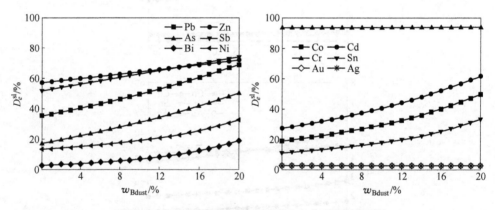

图 3-76　w_{Bdust} 对杂质元素在熔炼渣中分配率的影响

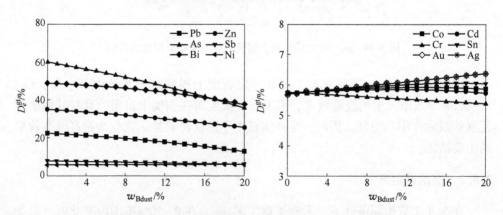

图 3-77　w_{Bdust} 对杂质元素在烟气烟尘中分配率的影响

图 3-75～图 3-77 数据表明，除 Cr、Au 和 Ag 元素在产物中分配率变化不明显外，随 w_{Bdust} 增大，其他杂质元素在铜锍中的分配率均有所减小，其中，Pb、As、Sb、Ni、Co、Cd 和 Sn 降低更明显；除 Cr、Au 和 Ag，其他杂质元素在熔炼渣中的分配率明显增大；Pb、Zn、As 和 Bi 杂质元素在烟气烟尘中的分配率有所降低，Sn、Au 和 Ag 元素的分配率稍有增大，其他杂质元素的分配率变化不明显。

由以上分析结果可知，提高 w_{Bdust} 有利于绝大部分杂质元素入渣脱除，但过高的 w_{Bdust} 也会带来炉内温度下降，反过来影响熔炼过程和杂质分配行为。

3.5.3.2　对杂质元素在铜锍和熔炼渣中分配比的影响

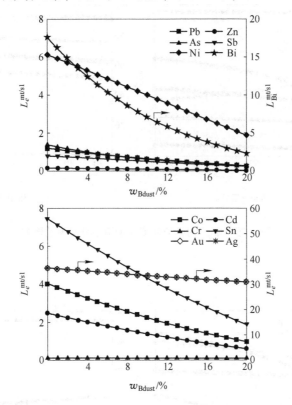

图 3-78　w_{Bdust} 对杂质元素在铜锍与熔炼渣中分配比的影响

由图 3-78 可知，随 w_{Bdust} 增大，Zn 和 Cr 在铜锍与熔炼渣相分配比变化不大且小于 1，其他杂质元素在两相的分配比均有小幅降低，其中，Bi、Ni、Co、Sn 和 Cd 降幅更大，Pb、As、Sb、Au 和 Ag 降幅更小。

可见，提高 w_{Bdust} 有利于闪速熔炼冶金过程杂质的脱除，但作用有限，且不利于贵金属在铜锍中富集。

3.5.4 富氧浓度

在 3.4.4 节相同条件下，考察了富氧浓度 φ_{Oxy} 在 25%~95% 范围内变化时，对杂质元素在产物中的分配率和分配比等的影响，结果如图 3-79~图 3-82 所示。

3.5.4.1 对杂质元素在产物中分配率的影响

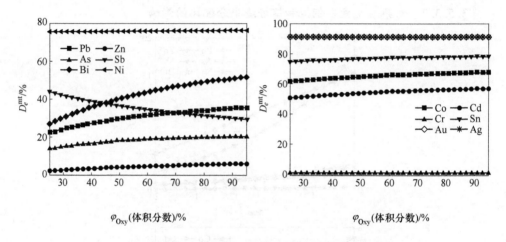

图 3-79　φ_{Oxy} 对杂质元素在铜锍中分配率的影响

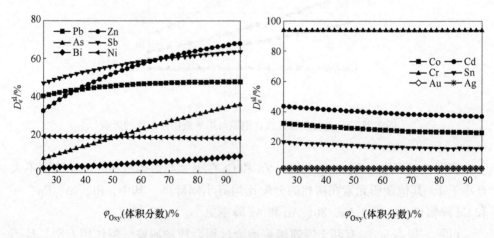

图 3-80　φ_{Oxy} 对杂质元素在熔炼渣中分配率的影响

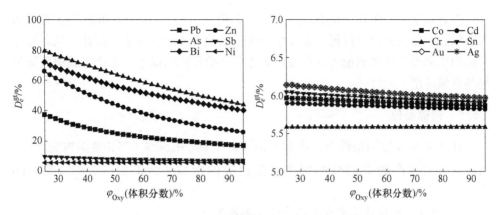

图 3-81　φ_{Oxy} 对杂质元素在烟气烟尘中分配率的影响

图 3-79~图 3-81 数据表明，随 φ_{Oxy} 增大，Pb 和 Bi 杂质元素在铜锍中分配率明显增大，Zn、As、Co、Cd 和 Sn 在铜锍中分配率虽有增大但增幅较小，Sb 分配率明显减小，其他杂质分配率变化不明显；Pb、Zn、As、Sb 和 Bi 杂质元素在熔炼渣中分配率增大，Ni、Co、Cd 和 Sn 分配率微量降低，而其他杂质分配率变化不大；Pb、Zn、As 和 Bi 杂质元素在烟气烟尘中分配率大幅降低，其他杂质元素的分配率变化不明显。

由以上分析结果可知，提高 φ_{Oxy}，可减少 Pb、Zn、As 和 Bi 等有害杂质元素在烟气烟尘中的挥发，降低环境危害，但同时会影响某些杂质元素的脱除效果。

3.5.4.2　对杂质元素在铜锍和熔炼渣中分配比的影响

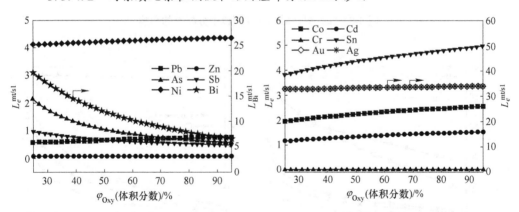

图 3-82　φ_{Oxy} 对杂质元素在铜锍与熔炼渣中分配比的影响

由图 3-82 可知，随 φ_{Oxy} 增大，除 As、Sb 和 Bi 元素在铜锍与熔炼渣中分配比呈下降趋势外，Pb、Ni、Co、Cd、Sn、Au 和 Ag 元素在两相中分配比微量增大，其他杂质元素在两相中的分配比变化不明显。

综合以上分析可知，提高 φ_{Oxy} 在一定程度上有利于 As、Sb 和 Bi 有害杂质的入渣脱除，但同时也会降低其他伴生杂质元素的入渣脱除效果。因此，从环境保护的角度来看，在制氧能力和保温措施等条件满足的前提下，生产实践中可适当提高富氧浓度。

3.5.5　铜锍品位

在 3.4.5 节相同条件下，考察了铜锍品位 w_{Cu} 在 50% ~ 75% 范围内变化时，对杂质元素在产物中的分配率和分配比等的影响，结果如图 3-83 ~ 图 3-86 所示。

3.5.5.1　对杂质元素在产物中分配率的影响

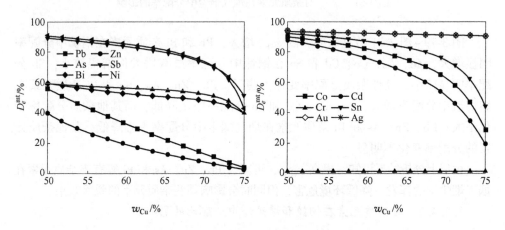

图 3-83　w_{Cu} 对杂质元素在铜锍中分配率的影响

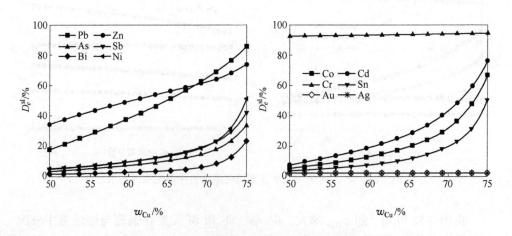

图 3-84　w_{Cu} 对杂质元素在熔炼渣中分配率的影响

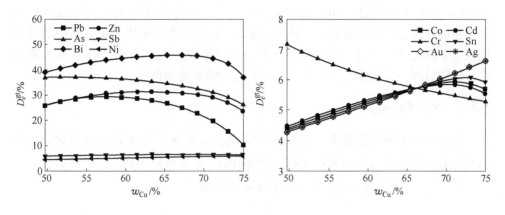

图 3-85　w_{Cu} 对杂质元素在烟气烟尘中分配率的影响

图 3-83~图 3-85 数据表明，除 Cr、Au 和 Ag 外，随 w_{Cu} 增大，各杂质元素在铜锍和熔炼渣中的分配率分别呈减小和增大趋势，其中 Pb 和 Zn 分配率变化显著，而 As、Sb、Bi、Ni、Co、Cd 和 Sn 的分配率在高铜锍品位时变化幅度更大；在烟气烟尘中，Sb 和 Ni 的分配率变化不大，Pb、Zn、As 和 Bi 的分配率先增大而后在高铜锍品位时减小，Co、Cd 和 Sn 分配率先增大后减小，Cr 分配率减小，Au 和 Ag 分配率增大。

可见，提高 w_{Cu} 对大部分杂质元素的入渣脱除有利，并且在高铜锍品位条件下作用更明显。因此，在满足高铜锍产率和低渣含铜条件下，可适当提高铜锍品位。

3.5.5.2　对杂质元素在铜锍和熔炼渣中分配比的影响

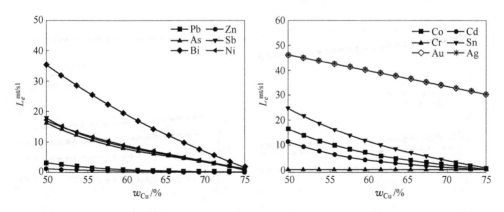

图 3-86　w_{Cu} 对杂质元素在铜锍与熔炼渣中分配比的影响

由图 3-86 可知，Au、Ag 和 Bi 在铜锍与熔炼渣中的分配比最大，As、Sb、

Ni、Co、Cd 和 Sn 次之，Pb、Zn 和 Cr 较小，且 Zn 和 Cr 的分配比小于 1。除 Cr 在两相的分配比变化不明显外，随 w_{Cu} 增大，其他元素在铜锍与熔炼渣中的分配比均呈下降趋势。可见，提高 w_{Cu} 有利于熔炼系统中大部分杂质元素的入渣脱除，但同时在一定程度上也降低了贵金属在铜锍中的捕集率。

3.5.6   渣中 R_{Fe/SiO_2}

在 3.4.6 节相同条件下，考察了渣中 R_{Fe/SiO_2} 在 0.8~1.8 范围内变化时，对杂质元素在产物中的分配率和分配比等的影响，结果如图 3-87~图 3-90 所示。

3.5.6.1   对杂质元素在产物中分配率的影响

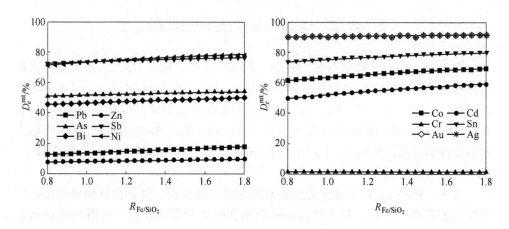

图 3-87　R_{Fe/SiO_2} 对杂质元素在铜锍中分配率的影响

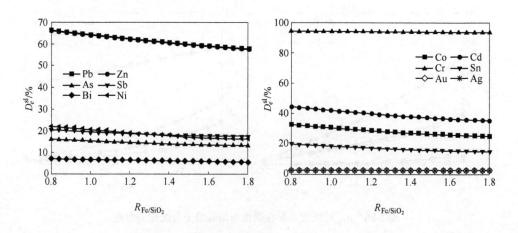

图 3-88　R_{Fe/SiO_2} 对杂质元素在熔炼渣中分配率的影响

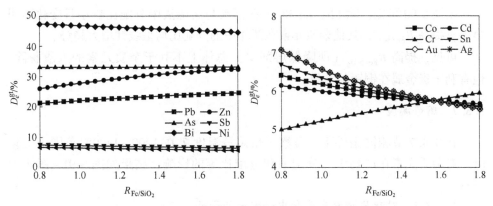

图 3-89 R_{Fe/SiO_2} 对杂质元素在烟气烟尘中分配率的影响

图 3-87~图 3-89 数据表明，随 R_{Fe/SiO_2} 增大，各杂质元素在铜锍中分配率均有所增加，在熔炼渣中各杂质分配率均有所降低，Pb、Zn 和 Cr 在烟尘中分配率稍有增大，Co、Cd、Sn、Au 和 Ag 的分配率降低，其他杂质元素在烟气烟尘中分配率变化不明显。可见，提高 R_{Fe/SiO_2} 不利于杂质元素的脱除，且会增大 Pb、Zn 和 Cr 等有害杂质污染环境的风险。

3.5.6.2 对杂质元素在铜锍和熔炼渣中分配比的影响

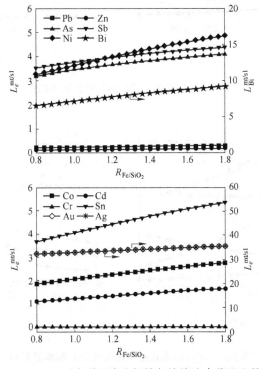

图 3-90 R_{Fe/SiO_2} 对杂质元素在铜锍与熔炼渣中分配比的影响

　　由图 3-90 可知，除 Pb、Zn 和 Cr 在铜锍与熔炼渣中分配比较小且变化不明显外，提高 R_{Fe/SiO_2}，其他杂质元素在两相中的分配比均呈线性增大趋势。

　　可见，提高 R_{Fe/SiO_2}（即降低熔剂率）总体上不利于杂质元素的入渣脱除，但有利于贵金属在铜锍的富集。

3.5.7　熔炼温度

　　在 3.4.7 节相同条件下，考察了熔炼渣温度 T 在 1200~1400℃ 范围内变化时，对杂质元素在产物中的分配率和分配比等的影响，结果如图 3-91~图 3-94 所示。

3.5.7.1　对杂质元素在产物中分配率的影响

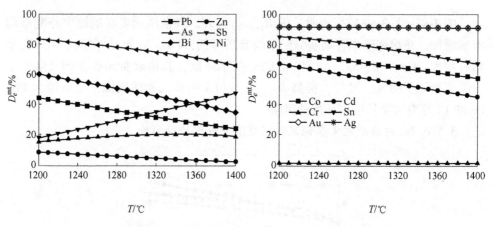

图 3-91　T 对杂质元素在铜锍中分配率的影响

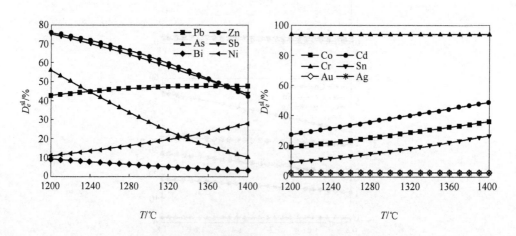

图 3-92　T 对杂质元素在熔炼渣中分配率的影响

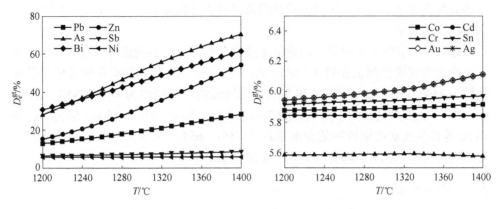

图 3-93　T 对杂质元素在烟气烟尘中分配率的影响

图 3-91~图 3-93 结果表明，随熔炼温度 T 增大，Pb、Zn、Bi、Ni、Co、Cd 和 Sn 杂质元素在铜锍中的分配率降低，As 和 Sb 的分配率升高，其他杂质元素的分配率变化不大；Pb、Ni、Co、Cd 和 Sn 杂质元素在熔炼渣中的分配率增大，Zn、As、Sb 和 Bi 杂质元素的分配率降低，其他杂质元素在熔炼渣中的分配率变化不大；Pb、Zn、As 和 Bi 杂质元素在烟气烟尘中的分配率增大，其他杂质元素的分配率变化不大。

可见，提高熔炼温度，可在一定程度上增强铜锍中 Pb、Zn、Bi、Ni、Co、Cd 和 Sn 等杂质元素脱除效果，但会增大 Pb、Zn、As、Bi 等有害易挥发杂质元素在烟气和烟尘中的排放量，造成环境污染。

3.5.7.2　对杂质元素在铜锍和熔炼渣中分配比的影响

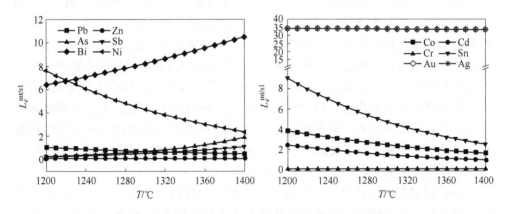

图 3-94　T 对杂质元素在铜锍与熔炼渣中分配比的影响

由图 3-94 可知，提高熔炼温度 T，Pb、Ni、Co、Cd 和 Sn 在铜锍与熔炼渣中的分配比降低，而 As、Sb 和 Bi 杂质元素在两相的分配比增大，其他杂质在两相中的分配比变化不明显。可见，提高熔炼温度 T 可提高 Pb、Ni、Co、Cd 和 Sn 等杂质的脱除效果。

综合 3.5 节中工艺参数对闪速熔炼过程杂质行为的影响规律，在 3.4 节中各工艺参数的较优控制值条件下，Pb、Zn、As、Sb、Bi 有害杂质在铜锍中的分配率约为 35%、5%、20%、30% 和 50%，在熔炼渣中分别约为 45%、60%、30%、60% 和 5%，在烟气烟尘中分别约为 20%、35%、50%、8% 和 45%；Ni、Co、Cd 和 Sn 等伴生元素在铜锍中的分配率约为 75%、65%、55% 和 80%，在熔炼渣中分别约为 20%、30%、40% 和 15%，在烟气烟尘中均约为 5%。

3.6 本章小结

以铜闪速熔炼过程为对象，在对 $FeO\text{-}Fe_2O_3\text{-}SiO_2$ 渣系 MQC 组元活度计算模型进行研究的基础上，采用"化学平衡常数法-MQC 活度求解算法"耦合新思路，构建了铜闪速熔炼多相平衡热力学分析数学模型，并利用该模型对铜闪速熔炼过程进行了系统热力学分析，考察了工艺参数对各相产物产出率、主要技术指标（铜锍品位、渣含铜、渣中 Fe/SiO_2 等）、主要产物组分活度与含量、杂质元素分配行为等的影响，揭示了该过程的物料多相演变和杂质迁移分配规律，得到了一些具有指导意义的结果。

（1）采用修正准化学溶液（MQC）理论和建模方法，构建了造锍熔炼 $FeO\text{-}Fe_2O_3\text{-}SiO_2$ 渣系的 MQC 组分活度计算模型，并对模型进行了实例验证，为冶炼复杂熔渣体系中组分活度的计算提供了新方法。

（2）在对所构建的闪速熔炼多相平衡数学模型进行实例验证的基础上，考察了氧料比（R_{OC}）、熔剂率（w_{Flux}）、返尘率（w_{Bdust}）、富氧浓度（φ_{Oxy}）、铜锍品位（w_{Cu}）、渣中铁硅比（R_{Fe/SiO_2}）和熔炼温度（T）等工艺参数，对熔炼过程物料多相演变和杂质分配行为的综合影响。结果表明，改变 R_{OC} 和 w_{Bdust} 对闪速熔炼过程的铜锍、熔炼渣、烟气烟尘的产物组成以及杂质元素在产物中的分配行为影响较为显著；改变 w_{Flux} 对产物主要组分有一定影响，并可作为改变熔渣碱度（流动性）的有效措施，但对杂质脱除效果影响不大；改变 φ_{Oxy} 对铜锍和熔炼渣主要组分影响微弱，但提高 φ_{Oxy} 可增强冶炼过程反应强度，减少烟气排放量；改变 T 对主要产物组成影响不大，但提高温度 T 能增强部分杂质元素的脱除效果，但同时会增大有害杂质元素的挥发率。

（3）通过对铜闪速熔炼过程进行系统热力学分析，得到氧料比、石英熔剂率、返尘率、富氧浓度、冷却水流量等工艺参数的较优控制值分别为 $172m^3/t$、12.5%、8.5%、76%、3200t/h 左右。在此优化条件下，铜闪速熔炼过程的铜锍品位、熔炼渣含铜、熔炼渣含 Fe_3O_4、渣中 Fe/SiO_2、熔炼渣温度等关键技术指标分别约为 68.50%、1.65%、12.40%、1.39 和 1300℃。

（4）在较优工艺参数条件下，Pb、Zn、As、Sb、Bi 有害杂质元素在铜锍中的分配率分别约为 35%、5%、20%、30% 和 50%，在熔炼渣中分别约为 45%、60%、30%、60% 和 5%，在烟气烟尘中分别约为 20%、35%、50%、8% 和 45%；Ni、Co、Cd 和 Sn 等伴生元素在铜锍中的分配率约为 75%、65%、55% 和 80%，在熔炼渣中分别约 18%、30%、50% 和 15%，在烟气烟尘中均约为 5%。

4 铜闪速吹炼多相反应热力学仿真分析研究

4.1 概述

为适应高强度熔炼和日益严格的环保标准需求,铜闪速吹炼工艺[44,161~164]自 1995 年在美国肯尼科特冶炼厂首次工业化应用以来,以其环保好、产能大、硫捕集率高、易于实现自动化等优势,呈现出良好的发展势头。目前,国内已有 3 家铜冶炼企业采用铜锍闪速吹炼工艺[21,165,166]。

针对闪速吹炼的热力学和动力学反应过程,国内外研究人员开展了一些研究工作[29,30,44,45,167~171]。然而,与闪速熔炼过程类似,铜闪速吹炼过程也是一个高温、多相、多组分的复杂反应过程,各变量间的交互耦合效应难以确定,传统实验检测手段难以研究其物理化学过程,使得基础理论研究方面较为薄弱。计算机模拟技术是一种高效手段,但目前主要应用于铜、铅硫化精矿的熔炼过程热力学仿真分析研究,国内现有铜闪速吹炼过程的文献[172~177]多是对生产实践工艺条件与设备的评述和分析,以及对炉内多物理场的数值分析和反应动力学研究,而采用多相平衡计算机仿真手段,对铜闪速吹炼过程的多相反应机理研究少有报道。因此,开展铜闪速吹炼过程的多相反应机理模拟研究,探寻优化的工艺操作条件具有重要的理论研究价值和实践指导意义。

鉴于此,本章以铜闪速吹炼过程为研究对象,基于 2.3 节和 2.4 节阐述的多相平衡热力学建模方法,建立铜闪速吹炼过程多相平衡数学模型,重点考察氧料比 (R_{OC})、石灰熔剂率 (w_{CaO})、返尘率 (w_{Bdust})、富氧浓度 (φ_{Oxy})、炼粗铜含硫 (w_S)、渣中钙铁比 ($R_{CaO/Fe}$)、吹炼温度 (T) 对各平衡产物产出率、主要组分活度和组成、杂质元素分配率等的影响,从热力学上分析吹炼过程中的物料多相演变行为与杂质元素分配规律,并提出优化操作工艺参数的建议。

4.2 铜闪速吹炼过程多相平衡数学模型

4.2.1 铜闪速吹炼过程反应机理

铜闪速吹炼[114]是将闪速熔炼炉产出的高品位铜锍经水淬、细磨和干燥后,经风力输送到炉顶料仓,与石灰熔剂、返尘以及富氧一起由中央喷嘴喷入反应塔内,吹炼成含硫 0.2%~0.4%的粗铜,并产出高渣含铜的炉渣和高 SO_2 浓度的烟气。该吹炼过程化学反应主要集中在反应塔及其下方的沉淀池，其中反应塔的主要氧化反应有：

$$2FeS(l) + 3O_2(g) \Longrightarrow 2FeO(l) + 2SO_2(g) \tag{4-1}$$

$$3FeS(l) + 5O_2(g) \Longrightarrow Fe_3O_4(s) + 3SO_2(g) \tag{4-2}$$

$$2Fe_3O_4(s) + 1/2O_2(g) \Longrightarrow 3Fe_2O_3(l) \tag{4-3}$$

$$Cu_2S(l) + O_2(g) \Longrightarrow 2Cu(l) + SO_2(g) \tag{4-4}$$

$$2Cu_2S(l) + 3O_2(g) \Longrightarrow 2Cu_2O(l) + 2SO_2(g) \tag{4-5}$$

$$2PbS(l) + 3O_2(g) \Longrightarrow 2PbO(l) + 2SO_2(g) \tag{4-6}$$

$$2ZnS(l) + 3O_2(g) \Longrightarrow 2ZnO(l) + 2SO_2(g) \tag{4-7}$$

沉淀池的造渣和造铜主要反应有：

$$2Cu_2O(l) + Cu_2S(l) \Longrightarrow 6Cu(l) + SO_2(g) \tag{4-8}$$

$$Cu_2S(l) + 2Fe_2O_3(l) \Longrightarrow 2Cu(l) + 4FeO(l) + SO_2(g) \tag{4-9}$$

$$Fe_2O_3(l) + CaO(l) \Longrightarrow CaO \cdot Fe_2O_3(l) \tag{4-10}$$

$$SiO_2(l) + 2CaO(l) \Longrightarrow 2CaO \cdot SiO_2(l) \tag{4-11}$$

$$SiO_2(l) + 2FeO(l) \Longrightarrow 2FeO \cdot SiO_2(l) \tag{4-12}$$

4.2.2 模型构建与计算流程

铜闪速吹炼在高铜锍品位、高富氧浓度等高强度条件下，呈现高效反应的特点：闪速反应在 2~3s 内完成，在闪速吹炼炉内不存在铜锍层[164]，可近似认为该过程已达到或接近平衡状态，因此，采用多相平衡建模理论通过建立数学模型来开展过程物料演变与元素分配行为研究是可行的。

在构建铜闪速吹炼数学模型时，主要投入物料铜锍来自闪速熔炼工序，其投入量和物相组成由第 3 章计算得到，铜锍中除了含有 Cu_2S、FeS、Fe_3O_4、FeO、Cu 等主要组分外，还伴有各种杂质元素的硫化物。因在闪速熔炼建模时考虑了铜锍相和炉渣相之间的机械夹杂，因此，除了假定的铜锍组成外，实际的铜锍物相组成还应包含因熔炼渣在铜锍中机械夹杂引入的某些氧化物。另外，由于铜闪速吹炼采用铁酸钙渣系[114]，通常添加石灰粉作为造渣熔剂。返尘是吹炼烟气烟尘经废热锅炉、收尘得到的固体颗粒，主要成分是 $CuSO_4$、Cu_2O、Cu_2S、Fe_3O_4、CaO 等。经过铜闪速吹炼过程，主要产生 4 种平衡产物（粗铜、炉渣、烟气和烟尘）。其中，烟尘是由飞溅的粗铜、炉渣等颗粒混合而成，假定其成分与两者一致。在建模时，假定的平衡产物组成见表 4-1。

根据 2.2 节阐述的建模原理，本章研究分别采用最小吉布斯自由能法和化学平衡常数法，构建了铜闪速吹炼过程多相平衡数学模型，计算流程分别如图 4-1 和图 4-2 所示。采用的产物组分标准吉布斯自由能和活度因子等基础热力学数据，详见后文（4.2.3 节）。

表4-1 铜闪速吹炼平衡产物组成

产物名	产 物 组 成
粗铜（bc）	Cu、Cu$_2$S、Cu$_2$O、FeS、FeO、Fe、Pb、Zn、As、Sb、Bi、Ni、Co、Cd、Cr、Sn、Au、Ag、其他1
炉渣（sl）	Cu$_2$O、Cu$_2$S、Fe$_3$O$_4$、FeO、FeS、SiO$_2$、CaO、MgO、Al$_2$O$_3$、PbO、ZnO、As$_2$O$_3$、Sb$_2$O$_3$、Bi$_2$O$_3$、NiO、CoO、CdO、Cr$_2$O$_3$、SnO、Au、Ag$_2$O、其他2
烟气（gs）	SO$_2$、N$_2$、PbS、PbO、ZnS、ZnO、Zn、As$_2$、AsO、SbO、Sb、BiO、Bi、CdO、Cd、O$_2$、S$_2$
烟尘（dt）	Cu、Cu$_2$S、Cu$_2$O、Fe、Pb、Zn、As、Sb、Bi、Ni、Co、Cd、Cr、Sn、Au、Ag、FeO、Fe$_3$O$_4$、FeS、SiO$_2$、CaO、MgO、Al$_2$O$_3$、PbO、ZnO、As$_2$O$_3$、Sb$_2$O$_3$、Bi$_2$O$_3$、NiO、CoO、CdO、Cr$_2$O$_3$、SnO、Ag$_2$O、其他3

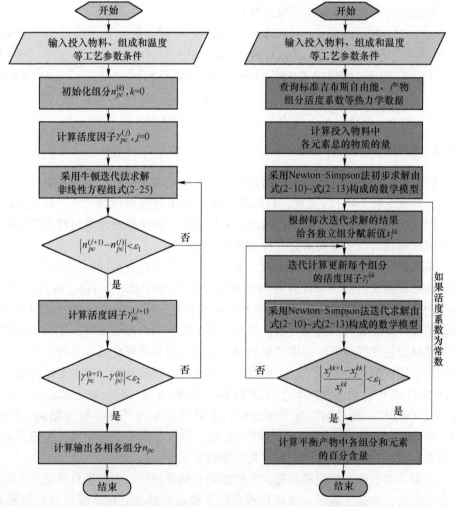

图 4-1 基于最小自由能法的多相平衡　　图 4-2 基于化学平衡常数法的多相平衡
　　　　数学模型求解流程　　　　　　　　　　数学模型求解流程

与闪速熔炼类似，采用化学平衡常数法构建铜闪速吹炼多相化学平衡数学模型时，由于闪速吹炼体系包含22个不同"元素"（Cu、Fe、S、Si、O、Ca、Mg、Al、Pb、Zn、As、Sb、Bi、Ni、Cr、Co、Sn、Cd、Au、Ag、H、N），参与平衡反应的粗铜、炉渣和烟气产物中共有57个化学组分，那么独立反应数为35，所列独立组分的化学反应及其平衡常数见表4-2。在冷却水流量给定的条件下，产物温度根据热平衡迭代计算来确定（即产物温度是未知量），因此，各反应平衡常数依据其迭代计算结果通过 MetCal 动态查询计算。

表 4-2 独立组分反应与平衡常数

序号	平 衡 反 应	K_j
1	$Cu_2S(bc) + O_2(gs) = 2Cu(bc) + SO_2(gs)$	K_1
2	$4Cu(bc) + O_2(gs) = 2Cu_2O(bc)$	K_2
3	$2FeS(bc) + 3O_2(gs) = 2FeO(sl) + 2SO_2(gs)$	K_3
4	$2Fe(bc) + O_2(gs) = 2FeO(bc)$	K_4
5	$2Cu_2S(sl) + 3O_2(gs) = 2Cu_2O(sl) + 2SO_2(gs)$	K_5
6	$6FeO(sl) + O_2(gs) = 2Fe_3O_4(sl)$	K_6
7	$2FeS(sl) + 3O_2(gs) = 2FeO(sl) + 2SO_2(gs)$	K_7
8	$Cu_2O(bc) = Cu_2O(sl)$	K_8
9	$FeO(bc) = FeO(sl)$	K_9
10	$S_2(gs) + 2O_2(gs) = 2SO_2(gs)$	K_{10}
11	$2Pb(bc) + O_2(gs) = 2PbO(gs)$	K_{11}
12	$2PbS(gs) + 3O_2(gs) = 2PbO(sl) + 2SO_2(gs)$	K_{12}
13	$PbO(sl) = PbO(gs)$	K_{13}
14	$Zn(bc) = Zn(gs)$	K_{14}
15	$ZnO(sl) = ZnO(gs)$	K_{15}
16	$2ZnS(gs) + 3O_2(gs) = 2ZnO(sl) + 2SO_2(gs)$	K_{16}
17	$2Zn(gs) + O_2(gs) = 2ZnO(gs)$	K_{17}
18	$2As(bc) = As_2(gs)$	K_{18}
19	$4AsO(gs) + O_2(gs) = 2As_2O_3(sl)$	K_{19}
20	$As_2(gs) + O_2(gs) = 2AsO(gs)$	K_{20}
21	$Sb(bc) = Sb(gs)$	K_{21}
22	$2Sb(gs) + O_2(gs) = 2SbO(gs)$	K_{22}
23	$4SbO(gs) + O_2(gs) = 2Sb_2O_3(sl)$	K_{23}
24	$Bi(bc) = Bi(gs)$	K_{24}

序号	平 衡 反 应	K_j
25	$2Bi(gs)+O_2(gs)=2BiO(gs)$	K_{25}
26	$4BiO(gs)+O_2(gs)=2Bi_2O_3(sl)$	K_{26}
27	$2Ni(bc)+O_2(gs)=2NiO(sl)$	K_{27}
28	$2Co(bc)+O_2(gs)=2CoO(sl)$	K_{28}
29	$2Cd(bc)+O_2(gs)=2CdO(sl)$	K_{29}
30	$2Cd(gs)+O_2(gs)=2CdO(gs)$	K_{30}
31	$Cd(bc)=Cd(gs)$	K_{31}
32	$4Cr(bc)+3O_2(gs)=2Cr_2O_3(sl)$	K_{32}
33	$2Sn(bc)+O_2(gs)=2SnO(sl)$	K_{33}
34	$Au(bc)=Au(sl)$	K_{34}
35	$4Ag(bc)+O_2(gs)=2Ag_2O(sl)$	K_{35}

4.2.3 相关热力学数据

铜闪速吹炼多相平衡产物相组分的吉布斯自由能根据式（3-37）计算，产物组分的标准热力学参数通过查询 MetCal desk 软件获得，具体见表 3-6 和表 4-3。粗铜和吹炼渣中组分的活度因子列于表 4-4，烟气相中各组分活度因子均为 1。表 4-4 中 x_{FeO}、$x_{Fe_3O_4}$、x_{SiO_2}、x_{Cu_2S} 为炉渣中 FeO、Fe_3O_4、SiO_2、Cu_2S 组分的摩尔分数，p_{O_2} 为烟气中氧气分压。

表 4-3   产物组分的标准热力学参数

组分	相态	$\Delta H_{298}^{\ominus}$ /kJ·mol⁻¹	$\Delta S_{298}^{\ominus}$ /kJ·K⁻¹·mol⁻¹	$c_p = a + b \times 10^{-3}T + c \times 10^5 T^{-2} + d \times 10^{-6}T^2$			
				a	b	c	d
Fe	液相	8.006	0.024	40.878	1.674	0	0
Zn	液相	0	0.042	31.401	0	0	0
Ni	液相	3.361	0.020	43.095	0	0	0
Co	固相	0	0.030	-404.261	329.282	2350.833	-68.307
Cd	液相	6.060	0.052	29.901	0	0	0
Cr	固相	0	0.024	26.912	-3.790	-2.801	8.864
Sn	液相	7.194	0.051	25.185	2.105	8.188	-0.163
Ag	液相	11.297	0.043	33.473	0	0	0

表 4-4 产物组分的活度因子

组分	产物相	活度因子	参考文献
Cu	粗铜	1	[178, 179]
Cu_2S	粗铜	26	[29, 179]
Cu_2O	粗铜	20	[179]
Fe	粗铜	$e^{4430/T-1.41}$	[180]
FeS	粗铜	1	[179]
FeO	粗铜	1	[179]
Pb	粗铜	$e^{2670/T-1.064}$	[180]
Zn	粗铜	$e^{-1230/T}$	[180]
As	粗铜	$e^{-4830/T}$	[180]
Sb	粗铜	$e^{-4560/T+1.24}$	[29]
Bi	粗铜	$e^{-1900/T-0.885}$	[29]
Ni	粗铜	$e^{-4430/T-0.546}$	[180]
Co	粗铜	107	[114]
Cd	粗铜	0.73	[114]
Cr	粗铜	0.75	[140]
Sn	粗铜	$e^{-1300/T-0.45}$	[180]
Au	粗铜	$e^{-1660/T}$	[141, 180]
Ag	粗铜	$e^{850/T-0.07}$	[141, 180]
Cu_2O	吹炼渣	3	[29, 145, 178]
Cu_2S	吹炼渣	$e^{2.46+6.22x_{Cu_2S}}$	[181, 182]
Fe_3O_4	吹炼渣	$0.69 + 568x_{Fe_3O_4} + 5.45x_{SiO_2}$	[183, 184]
FeO	吹炼渣	35	[183, 184]
FeS	吹炼渣	70	[183, 184]
SiO_2	吹炼渣	2.1	[185]
CaO	吹炼渣	1	[29]
MgO	吹炼渣	1	[29]
Al_2O_3	吹炼渣	1	[29]
PbO	吹炼渣	$e^{-3926/T}$	[180]
ZnO	吹炼渣	$e^{920/T}$	[180]
As_2O_3	吹炼渣	$3.838e^{1523/T} \cdot p_{O_2}^{0.158}$	[180]

组分	产物相	活度因子	参考文献
Sb_2O_3	吹炼渣	$e^{1055.66/T}$	[180]
Bi_2O_3	吹炼渣	$e^{-1055.66/T}$	[180,186]
NiO	吹炼渣	$e^{3050/T-1.30}$	[180]
CoO	吹炼渣	1.16	[142,187]
CdO	吹炼渣	MQC	活度模型
Cr_2O_3	吹炼渣	MQC	活度模型
SnO	吹炼渣	1.2	[140]
Au	吹炼渣	0.65	[141,188]
Ag_2O	吹炼渣	0.05	[141,189]

4.3 模型计算实例

采用所构建的铜闪速吹炼多相平衡数学模型和计算系统，以国内某"双闪"铜冶炼企业为对象，选取其吹炼生产实践中某稳定时期的平均操作参数作为模拟条件，计算该厂铜闪速吹炼过程平衡物相组成，并按文献粗铜和吹炼渣之间的夹杂率公式对模型计算结果进行合理修正[142]，以验证模型计算的可靠性。

4.3.1 计算条件

铜锍粉投入量90.25t/h、石灰熔剂率3.15%、返尘率8.6%、富氧浓度80%、氧料比151m^3/t、烟尘率7.8%、冷却水用量1000 t/h。在考虑了闪速熔炼产出的铜锍和熔炼渣的相互机械夹杂后，闪速吹炼过程的入炉铜锍粉化学成分和物相成分分别见表4-5和表4-6，添加的石灰熔剂物相成分见表4-7，入炉返尘物相组分通过查阅文献［166］获得，具体列于表4-8，吹炼温度则通过热平衡迭代计算获取。

表4-5 入炉铜锍粉化学成分（质量分数） （%）

Cu	S	O	Fe	SiO_2	CaO	MgO	Al_2O_3	Pb	Zn	As
68.510	20.223	1.126	7.986	0.344	0.023	0.013	0.021	0.318	0.278	0.232

Sb	Bi	Ni	Co	Cd	Cr	Sn	Au	Ag	其他
0.018	0.060	0.023	0.028	0.052	5.588×10^{-5}	0.012	0.001	0.019	0.715

表 4-6 入炉铜锍粉物相成分（质量分数） （%）

Cu_2S	Cu	FeS	FeO	Fe_3O_4	PbS	Pb	ZnS	As
85.262	0.420	7.747	0.682	3.502	0.364	1.058×10^{-3}	0.392	0.227

Sb	Bi	Ni_3S_2	CoS	CdS	Cr_2S_3	SnS	Au	Ag_2S
1.751×10^{-2}	6.015×10^{-2}	3.113×10^{-2}	4.331×10^{-2}	6.713×10^{-2}	9.494×10^{-14}	1.505×10^{-2}	7.956×10^{-4}	2.128×10^{-2}

Cu_2O	SiO_2	CaO	MgO	Al_2O_3	PbO	ZnO	As_2O_3	Sb_2O_3
4.483×10^{-3}	3.441×10^{-1}	2.263×10^{-2}	1.319×10^{-2}	2.082×10^{-2}	2.248×10^{-3}	1.798×10^{-2}	5.537×10^{-3}	4.028×10^{-4}

Bi_2O_3	NiO	CoO	CdO	Cr_2O_3	SnO	其他		
4.983×10^{-5}	2.803×10^{-5}	6.350×10^{-5}	1.791×10^{-4}	8.167×10^{-5}	1.283×10^{-5}	0.715		

表 4-7 入炉石灰熔剂物相成分（质量分数） （%）

CaO	MgO	SiO_2	Fe_2O_3
90	1.5	6	2.5

表 4-8 入炉返尘物相成分（质量分数） （%）

$CuSO_4$	Cu_2O	FeO	Fe_3O_4	CaO	SiO_2	MgO	Al_2O_3
41.42	32.30	12.95	3.07	0.82	4.39	0.09	0.03

$PbSO_4$	PbO	$ZnSO_4$	ZnO	As_2O_3	Sb_2O_3	Bi_2O_3	$NiSO_4$
0.40	0.14	0.45	0.34	0.40	2.03×10^{-2}	0.38	3.02×10^{-2}

NiO	CoO	CdO	Cr_2O_3	SnO	Au	Ag	其他
2.42×10^{-2}	4.88×10^{-2}	1.61	1.25×10^{-4}	1.58×10^{-2}	5.64×10^{-4}	1.46×10^{-2}	1.06

4.3.2 计算系统

根据第 2.2 节建模原理、第 4.2.3 节热力学数据和以上计算条件，分别采用最小吉布斯自由能法和化学平衡常数法，构建了铜闪速吹炼过程的多相平衡数学模型，并研发了数模系统，分别如图 4-3 和图 4-4 所示。

4.3.3 计算结果

在以上计算条件下，采用所构建的多相平衡数学模型和计算系统，对铜闪速吹炼过程进行模拟计算，在考虑机械夹杂后，粗铜、炉渣、烟气和烟尘的物相计算结果见表 4-9~表 4-12。粗铜和吹炼渣主要元素模拟结果与该时期生产取样数据的对比情况列于表 4-13，杂质元素在炉渣和粗铜中的分配比与生产数据或文献数据 [29，140，145，190] 的对比结果列于表 4-14。热平衡计算结果见表 4-15。

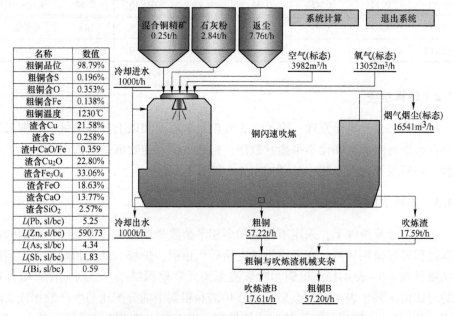

图4-3 基于最小自由能法的铜闪速吹炼多相平衡计算系统

铜闪速吹炼过程多相化学平衡计算系统

图4-4 基于化学平衡法的铜闪速吹炼多相平衡计算系统

表4-9 粗铜计算结果

产量 /t·h⁻¹	质量分数/%								
	Cu	Cu₂S	Cu₂O	Fe	FeS	FeO	Pb	Zn	As
	95.56	0.97	2.76	9.01×10^{-4}	3.18×10^{-4}	1.57×10^{-1}	1.82×10^{-1}	1.43×10^{-3}	1.48×10^{-1}
	Sb	Bi	Ni	Co	Cd	Cr	Sn	Au	Ag
	1.74×10^{-2}	6.28×10^{-2}	7.55×10^{-3}	7.84×10^{-3}	9.63×10^{-5}	2.85×10^{-10}	7.11×10^{-3}	1.08×10^{-3}	2.27×10^{-2}
57.20	Fe₃O₄	SiO₂	CaO	MgO	Al₂O₃	PbO	ZnO	As₂O₃	Sb₂O₃
	2.04×10^{-2}	1.59×10^{-3}	8.50×10^{-3}	1.80×10^{-4}	6.19×10^{-5}	6.37×10^{-4}	1.02×10^{-3}	5.24×10^{-4}	2.34×10^{-5}
	Bi₂O₃	NiO	CoO	CdO	Cr₂O₃	SnO	Ag₂O	其他	
	2.52×10^{-5}	6.79×10^{-5}	8.70×10^{-5}	5.04×10^{-7}	2.43×10^{-7}	2.45×10^{-5}	1.21×10^{-5}	6.11×10^{-2}	

表4-10 吹炼渣计算结果

产量 /t·h⁻¹	质量分数/%									
	Cu₂O	Cu₂S	Fe₃O₄	FeO	FeS	SiO₂	CaO	MgO	Al₂O₃	PbO	ZnO
	22.80	1.28	33.06	18.63	3.86×10^{-6}	2.57	13.77	0.29	0.10	1.03	1.65
17.61	As₂O₃	Sb₂O₃	Bi₂O₃	NiO	CoO	CdO	Cr₂O₃	SnO	Au	Ag₂O	其他
	0.85	3.79×10^{-2}	4.08×10^{-2}	0.11	0.14	8.17×10^{-4}	3.94×10^{-4}	3.97×10^{-2}	4.52×10^{-4}	1.96×10^{-2}	3.57

表4-11 烟气计算结果

产量 /t·h⁻¹	体积分数/%								
	SO₂	N₂	PbS	PbO	ZnS	ZnO	Zn	As₂	AsO
	79.17	20.60	1.64×10^{-4}	2.04×10^{-3}	1.03×10^{-8}	1.12×10^{-6}	7.90×10^{-3}	2.65×10^{-6}	9.17×10^{-3}
41.89	SbO	Sb	BiO	Bi	CdO	Cd	O₂	S₂	
	9.92×10^{-6}	1.68×10^{-6}	2.31×10^{-4}	2.20×10^{-2}	1.32×10^{-6}	1.88×10^{-1}	8.31×10^{-4}	2.90×10^{-6}	

表 4-12　烟尘计算结果

产量 /t·h⁻¹	质量分数/%								
	Cu₂O	Cu	Cu₂S	Fe₃O₄	FeO	FeS	Fe	CaO	SiO₂
	11.80	52.59	1.11	14.92	8.49	$1.76×10^{-4}$	$4.96×10^{-4}$	6.22	0.13
	MgO	Al₂O₃	PbO	ZnO	As₂O₃	Sb₂O₃	Bi₂O₃	NiO	CoO
	$4.53×10^{-2}$	1.16	0.47	0.75	0.38	$1.71×10^{-2}$	$1.84×10^{-2}$	$4.97×10^{-2}$	$6.37×10^{-2}$
7.87	CdO	Cr₂O₃	SnO	Ag₂O	Pb	Zn	As	Sb	Bi
	$3.69×10^{-4}$	$1.78×10^{-4}$	$1.79×10^{-2}$	$8.85×10^{-3}$	$1.00×10^{-1}$	$7.86×10^{-4}$	$8.14×10^{-2}$	$9.56×10^{-3}$	$3.46×10^{-2}$
	Ni	Co	Cd	Cr	Sn	Au	Ag	其他	
	$4.16×10^{-3}$	$4.31×10^{-3}$	$5.30×10^{-5}$	$1.57×10^{-10}$	$3.91×10^{-3}$	$7.98×10^{-4}$	$1.25×10^{-2}$	1.50	

表 4-13　计算结果与生产数据　　　　　　　　（%）

类型	产物	Cu	S	Fe	O	Pb	Zn	As	Sb	Bi
生产数据	粗铜	98.73	0.166	0.291	0.256	0.238	0.003	0.163	0.015	0.045
模拟结果		98.79	0.196	0.138	0.353	0.183	0.002	0.148	0.017	0.063

类型	产物	Cu	S	Fe	SiO₂	CaO	Fe₃O₄	CaO/Fe		
生产数据	吹炼渣	22.43	0.38	36.87	2.18	11.85	31.88	0.33		
模拟结果		21.58	0.26	38.40	2.57	13.77	33.06	0.36		

表 4-14　产物中杂质元素分配比

类型	分配比 $L_e^{sl/bc}$（e 杂质元素在吹炼渣和粗铜中的质量分数或分配率之比）										
	Pb	Zn	As	Sb	Bi	Ni①	Co①	Sn①	Cd①	Cr①	Au①	Ag①
生产数据	5.31	602.84	4.25	1.82	0.60	3.35	4.30	1.55	2.25	—	0.11	0.21
模拟结果	5.25	590.73	4.34	1.83	0.59	3.50	4.32	1.51	2.28	498.15	0.13	0.25

①表示分配率之比。

表 4-15　闪速熔炼热平衡计算结果

热收入					热支出				
热类型	物料	温度/℃	热量 /MJ·h⁻¹	占比 /%	热类型	物料	温度/℃	热量 /MJ·h⁻¹	占比 /%
物理热	铜锍粉	25	0.00	0.00	物理热	粗铜	1230	35976.61	28.63
	石灰粉	25	0.00	0.00		吹炼渣	1260	19160.75	15.25
	返尘	25	0.00	0.00		烟气	1310	46172.08	36.74

热 收 入					热 支 出				
热类型	物料	温度/℃	热量/MJ·h⁻¹	占比/%	热类型	物料	温度/℃	热量/MJ·h⁻¹	占比/%
物理热	空气	25	0.00	0.00	物理热	烟尘	1310	6916.24	5.50
	氧气	25	0.00	0.00					
化学热		25	125673.45	100.00	化学热		25		
交换热	冷却进水	35			交换热	冷却出水	36	16721.96	13.31
					自然散热		60	725.81	0.58
合计			125673.45	100.00	合计			125673.45	100.00

由表 4-13 结果可知，粗铜中 Cu、S、Fe、O 元素含量的计算相对误差分别为 0.06%、17.80%、52.58% 和 38.05%，吹炼渣中主要元素或组分 Cu、S、Fe、SiO_2、CaO 和 Fe_3O_4 的计算误差分别为 3.78%、32.73%、4.15%、17.74%、16.25% 和 3.72%，渣中钙硅比为 10.12%。由表 4-14 结果可知，Pb、Zn、As、Sb、Bi、Ni、Co、Sn、Cd、Au 和 Ag 杂质元素在吹炼渣与粗铜中的分配比计算误差分别为 1.22%、2.01%、2.11%、0.82%、1.83%、4.48%、0.47%、2.58%、1.33%、17.00% 和 19.12%。

由以上误差对比结果可知，粗铜和炉渣的微量组分（包括杂质元素）含量计算值和生产实测值误差更大，这可能是由仪器分析误差引起的。然而，微量元素在吹炼渣和粗铜中的分配比与生产实测值或文献报道值基本吻合。

另外，为进一步验证数学模型反映闪速吹炼规律和特性的可靠性，利用所研发数模系统计算，考察了粗铜含硫 w_S 与渣含铜之间的关系，如图 4-5 所示。由图中对比情况可知，无论是 $w_S = 0.2$ 时的渣含铜值，还是 w_S-渣含铜的关系曲线，数模计算结果与文献 [29，191] 报道结果均吻合较好。

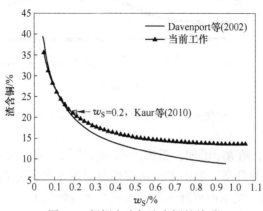

图 4-5 粗铜含硫与渣含铜的关系

以上两方面对比分析表明,所建立的数学模型能较好地反映铜闪速吹炼过程反应规律和特性,基本符合生产实际情况,可应用于后续该吹炼过程物料多相演变和元素分配行为规律的研究。

4.4 工艺参数对多相产物演变的影响

基于 4.2 节和 4.3 节所研发的铜闪速吹炼多相平衡数学模型及计算系统,在铜锍粉投料量 90.25t/h 和 4.3.1 节投入物料成分等条件下,重点考察了氧料比(R_{OC})、石灰熔剂率(w_{CaO})、返尘率(w_{Bdust})、富氧浓度(φ_{Oxy})、炼粗铜含硫(w_S)、渣中钙铁比($R_{CaO/Fe}$)、吹炼温度(T)等操作工艺和控制参数对各产物产出率、主要技术指标、主要组分活度与含量等的影响,为揭示铜闪速吹炼过程物料多相演变和杂质元素分配规律以及工艺参数优化提供理论指导。

4.4.1 氧料比

在石灰熔剂率 3.15%,返尘率 8.6%,富氧浓度 80% 和吹炼渣温度 1250℃条件下,氧料比在 135~185m³/t 范围内变化时,计算结果如图 4-6~图 4-15 所示。

4.4.1.1 对各相产出率和主要技术指标的影响

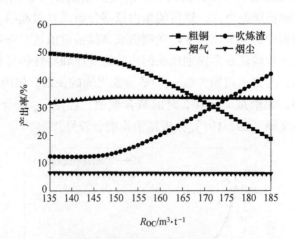

图 4-6 R_{OC} 对各相产出率的影响

由图 4-6 可知,随 R_{OC} 增加,粗铜产率先慢后快下降,吹炼渣产率先慢后快增大,烟气产率缓慢升高,烟尘率因在建模时设置了控制限制,所以变化不大;当 R_{OC}>150m³/t 后,粗铜产率降幅和吹炼渣产率升幅增大。

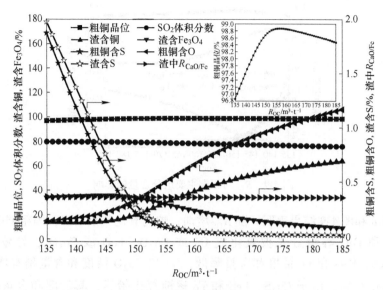

图 4-7 R_{OC} 对主要技术指标的影响

图 4-7 数据表明，提高 R_{OC}，当 $R_{OC} \leqslant 150\text{m}^3/\text{t}$ 时，粗铜品位快速增大，粗铜和吹炼渣含 S 快速降低，粗铜含 O 和渣含铜稍有增加，烟气 SO_2 浓度、渣含 Fe_3O_4 和渣中 $R_{CaO/Fe}$ 稍有减少，这是因为式（4-3）~式（4-5）和式（4-8）反应的持续发生，导致 Cu_2S 被氧化趋势增强；当 $R_{OC} > 150\text{m}^3/\text{t}$ 后，随着 Cu_2S 氧化消耗殆尽和粗铜过氧化，Fe_3O_4 继续被氧化，导致粗铜和吹炼渣含 S、渣含 Fe_3O_4 快速降低，渣含铜和粗铜含 O 快速增大，而粗铜品位、渣中 $R_{CaO/Fe}$ 和烟气 SO_2 浓度均小幅降低。

4.4.1.2 对粗铜和吹炼渣主要组分活度与含量的影响

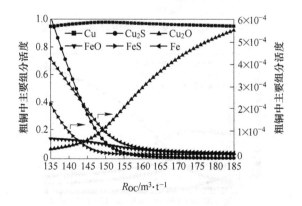

图 4-8 R_{OC} 对粗铜主要组分活度的影响

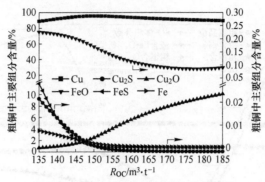

图 4-9 R_{OC} 对粗铜主要组分含量的影响

图 4-8 和图 4-9 结果表明，随 R_{OC} 增加，炉内氧化气氛增强，因粗铜中 Cu_2S、FeS、Fe 和 FeO 等组分先被氧化成 Cu 或 Cu_2O、FeO 或 Fe_3O_4，导致粗铜中 Cu_2S、FeS、FeO 和 Fe 活度和含量降低，Cu 和 Cu_2O 活度和含量稍有增大；当 $R_{OC} > 150m^3/t$ 后，由于 Cu_2S、FeS 和 Fe 逐渐氧化殆尽，其活度和含量趋于 0，Cu 继续过氧化为 Cu_2O，FeO 氧化为 Fe_3O_4 趋势增强，因此，粗铜中 Cu_2O、FeO 活度和含量分别呈快速升高和继续降低趋势，Cu 组分活度和含量小幅降低。

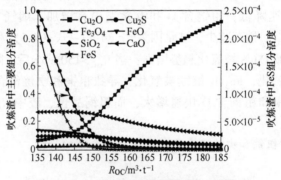

图 4-10 R_{OC} 对吹炼渣主要组分活度的影响

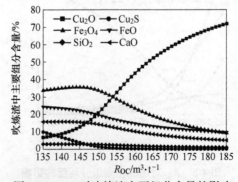

图 4-11 R_{OC} 对吹炼渣主要组分含量的影响

由图 4-10 和图 4-11 可知,与粗铜组分活度和含量变化类似,随 R_{OC} 增加,炉内氧势增大,Cu_2S 与 FeS 的氧化反应以及 FeO 的造渣反应趋势增强,导致 Cu_2S 和 FeS 活度和含量降低,Cu_2O 活度和含量升高,Fe_3O_4 活度和含量稍有增大,FeO 活度和含量降低;另外,由于造渣消耗,渣中 SiO_2 和 CaO 活度和含量均有所降低;当 $R_{OC} > 150m^3/t$ 后,Cu_2S 和 FeS 基本氧化殆尽,其活度和含量趋于 0,但随着 Cu、FeO 和 Fe_3O_4 继续氧化,渣中 Cu_2O 活度和含量快速升高,FeO 和 Fe_3O_4 活度和含量快速降低,在此强氧化气氛条件下,炉内出现"过吹"现象,渣含铜快速升高、铜损失急剧增大。由图 4-11 可知,吹炼渣中铜的损失以 Cu_2O 为主。

综合以上分析,为保证高粗铜品位和低渣含铜,R_{OC} 应控制在 $150m^3/t$ 左右。

4.4.1.3　对烟气和烟尘中主要组分含量的影响

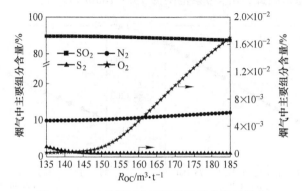

图 4-12　R_{OC} 对烟气主要组分质量分数的影响

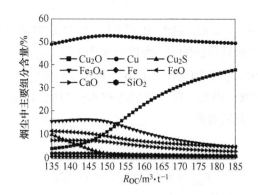

图 4-13　R_{OC} 对烟尘主要组分含量的影响

图 4-12 数据表明,随 R_{OC} 增大,烟气中 SO_2 质量分数先小幅降低后趋于稳定,数据显示 S_2 质量含量较小且微量减小。图 4-13 结果表明,随 R_{OC} 增大,在

$R_{OC} \leqslant 150m^3/t$ 时，烟尘中 Cu_2S 和 FeO 含量降低，Cu 和 Cu_2O 含量增加，其他组分变化不大；当 $R_{OC} > 150m^3/t$ 后，Cu_2S 含量趋于 0，Cu_2O 含量增幅加大，而 FeO、Fe_3O_4 和 CaO 含量降幅增大，Cu、Fe 和 SiO_2 含量稍有降低。由于在数学建模时假定烟尘由部分粗铜和吹炼渣混合而成，因此，烟尘成分含量变化情况与粗铜和吹炼渣基本一致。

4.4.1.4 对热量控制的影响

为研究 R_{OC} 对闪速吹炼过程热量控制的影响，在以上投料量和工艺控制参数条件下，固定吹炼渣温（1250℃），考察了 R_{OC} 变化对冷却水需求量的影响，结果如图 4-14 所示；另外，固定冷却水流量（1000 t/h），考察了 R_{OC} 变化对吹炼渣温的影响，结果如图 4-15 所示。在试算时发现，当 $R_{OC} < 135m^3/t$ 时，吹炼过程处于欠热状态，因此，R_{OC} 考察范围为 $135 \sim 185m^3/t$。

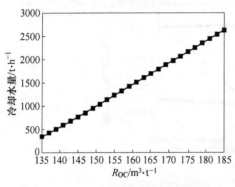
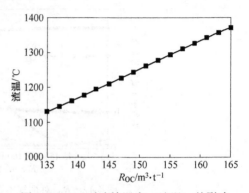

图 4-14 R_{OC} 对冷却水需求量的影响   图 4-15 R_{OC} 对吹炼温度（渣温）的影响

由图 4-14 和图 4-15 可知，随着 R_{OC} 增大，冷却水需求量和渣温均呈线性增大趋势，线性回归拟合后得到的 R_{OC} 和冷却水需求量（q_{water}）、R_{OC} 和吹炼渣温度（T_{slag}）之间的函数关系，分别见式（4-13）和式（4-14），回归决定系数 R^2 值分别为 0.9998 和 0.9998。因此，在一定的冷却水供应能力条件下，要维持一定的渣温，氧料比的可调范围有限。

$$q_{water} = 46.227R_{OC} - 5923.3 \tag{4-13}$$

$$T_{slag} = 8.1174R_{OC} + 33.878 \tag{4-14}$$

综合考虑氧料比对以上四个方面的影响，在一定冷却水流量条件下，为达到较高粗铜品位和较低渣含铜的冶炼目的，且控制好热平衡，并保证粗铜含硫不至于过高[114]，减轻后续工序氧化脱硫负担，建议 R_{OC} 控制在 $150m^3/t$ 左右，继续提高 R_{OC} 会出现"过吹"的不良结果。

4.4.2 石灰熔剂率

在氧料比 150m³/t，返尘率 8.6%，富氧浓度 80% 和吹炼渣温度 1250℃ 条件下，石灰熔剂率 w_{CaO} 在 0~15% 范围内变化时，计算结果如图 4-16~图 4-25 所示。

4.4.2.1 对各相产出率和主要技术指标的影响

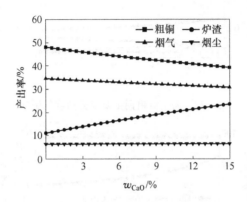

图 4-16　w_{CaO} 对各相产出率的影响

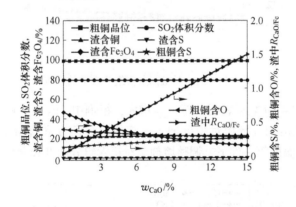

图 4-17　w_{CaO} 对主要技术指标的影响

由图 4-16 和图 4-17 结果可知，随 w_{CaO} 增加，造渣趋势增强，渣中 $R_{CaO/Fe}$ 线性增大，粗铜和烟气产率下降，吹炼渣产率大幅提高，而烟尘产率变化不大；粗铜品位微幅增大，粗铜含 S 微量增大，粗铜含 O 微量降低；因反应式 (4-10) 趋势增强，导致渣含 Fe_3O_4 降低，而渣含铜、渣含 S 和烟气中 SO_2 浓度变化不大。因此，虽然提高 w_{CaO} 可提高熔渣流动性、减少烟气量，却会导致粗铜产能降低。

4.4.2.2 对粗铜和吹炼渣主要组分活度与含量的影响

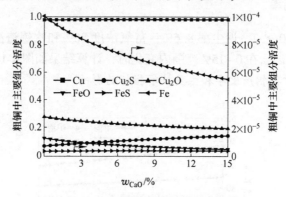

图 4-18 w_{CaO} 对粗铜主要组分活度的影响

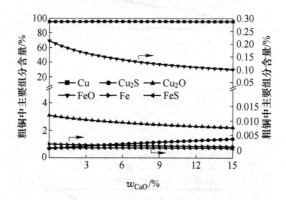

图 4-19 w_{CaO} 对粗铜主要组分含量的影响

图 4-18 和图 4-19 数据表明，随 w_{CaO} 增大，粗铜中 Cu_2O 和 FeO 活度和含量稍有减低，Cu_2S 活度和含量相对少量增大，其他组分活度和含量变化不大。可见，在一定氧料比、温度等条件下，调整熔剂率对粗铜组分活度和含量影响不大。

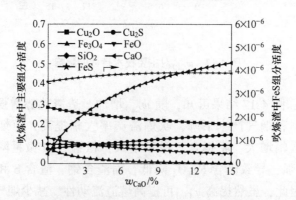

图 4-20 w_{CaO} 对吹炼渣主要组分活度的影响

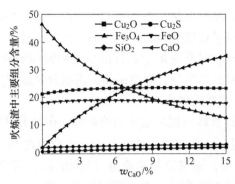

图 4-21 w_{CaO}对吹炼渣主要组分含量的影响

由图 4-20 和图 4-21 结果可知，提高 w_{CaO}，吹炼渣中 CaO 活度和含量快速升高，铁氧化物造渣趋势增强，即式（4-10）反应正向进行趋势增强，从而导致 FeO 和 Fe_3O_4 活度和含量降低，熔渣流动性更好；Cu_2O 活度和含量稍微降低，Cu_2S 和 FeS 活度和含量相对升高，其他各组分活度和含量变化不明显。

综合以上分析可知，在其他条件不变的前提下，适当提高熔剂率，有利于增强造渣趋势，且能降低熔渣中高熔点 Fe_3O_4 含量，提高熔渣流动性和劳动作业率。

4.4.2.3 对烟气和烟尘主要组分含量的影响

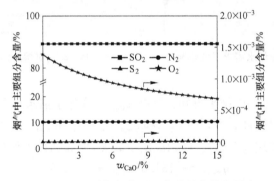

图 4-22 w_{CaO}对烟气主要组分质量分数的影响

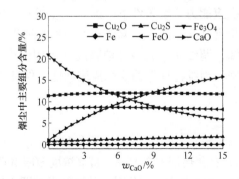

图 4-23 w_{CaO}对烟尘主要组分含量的影响

图 4-22 和图 4-23 数据表明，提高 w_{CaO}，烟气组分含量变化不大，烟尘中 CaO 和 Fe_3O_4 含量分别呈快速升高和降低趋势，FeO 含量微量降低，其他组分含量变化不明显。因为建模时假设烟尘成分由少量粗铜和炉渣飞溅混合成，因此，熔剂率对烟尘组分含量的影响与其对粗铜和炉渣组分含量的影响规律基本一致。

4.4.2.4　对热量控制的影响

为研究 w_{CaO} 对闪速吹炼过程热量控制的影响，在以上投料量和工艺控制参数条件下，固定吹炼渣温（1250℃），考察了 w_{CaO} 变化对冷却水需求量的影响，结果如图 4-24 所示；另外，固定冷却水流量（1000t/h），考察了 w_{CaO} 变化对吹炼渣温的影响，结果如图 4-25 所示。在试算时发现，当 $w_{CaO}>10\%$ 时，吹炼渣温度过低，因此，w_{CaO} 考察范围为 $0 \sim 10\%$。

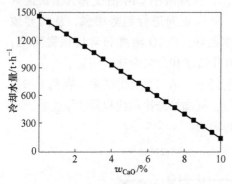
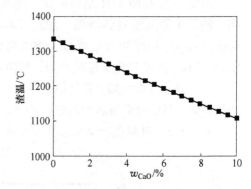

图 4-24　w_{CaO} 对冷却水需求量的影响　　　图 4-25　w_{CaO} 对熔炼温度（渣温）的影响

由图 4-24 和图 4-25 结果可知，提高 w_{CaO}，冷却水需求量和渣温均呈线性减少趋势，线性回归拟合后得到的 w_{CaO} 和 q_{water}、w_{CaO} 和 T_{slag} 之间的函数关系，分别见式（4-15）和式（4-16），回归决定系数 R^2 值分别为 1 和 0.9993。

$$q_{water} = -131.86w_{CaO} + 1458.6 \tag{4-15}$$

$$T_{slag} = -22.965w_{CaO} + 1333.4 \tag{4-16}$$

可见，在冷却水供应能力一定条件下，提高 w_{CaO} 可在一定程度上起到降低炉温的目的，但是为保持良好吹炼渣型，调整幅度应控制适当。

综合以上分析可知，调整 w_{CaO} 是改变渣碱度（可用渣中 $R_{CaO/Fe}$ 衡量）、改善熔渣流动性的重要措施，为维持良好的吹炼渣流动性、保证较高粗铜产率，建议 w_{CaO} 控制在 3.2% 左右。

4.4.3　吹炼返尘率

在氧料比 $150m^3/t$，石灰熔剂率 3.15%，富氧浓度 80% 和吹炼渣温度 1250℃ 条件下，返尘率 w_{Bdust} 在 $0 \sim 20\%$ 范围内变化时，计算结果如图 4-26~图 4-35 所示。

4.4.3.1 对各相产出率和主要技术指标的影响

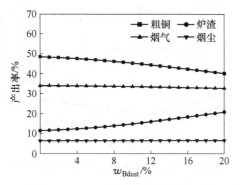

图 4-26 w_{Bdust} 对各相产出率的影响

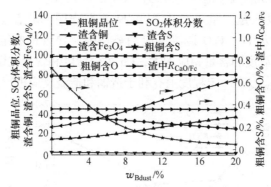

图 4-27 w_{Bdust} 对主要技术指标的影响

由图 4-26 和图 4-27 结果可知, 随 w_{Bdust} 增加, 粗铜产率先慢后快下降, 炉渣产率先慢后快升高, 烟气和烟尘产率变化不大; 粗铜品位、烟气中 SO_2 浓度、渣含 S 和渣中 $R_{CaO/Fe}$ 变化不大, 粗铜含 S 先快后慢降低, 渣含铜和粗铜含 O 先慢后快升高, 渣含 Fe_3O_4 则先慢后快降低。

4.4.3.2 对粗铜和吹炼渣主要组分活度与含量的影响

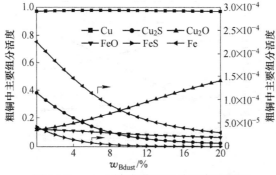

图 4-28 w_{Bdust} 对粗铜主要组分活度的影响

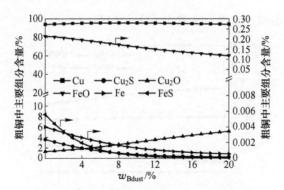

图 4-29　w_{Bdust} 对粗铜主要组分含量的影响

　　由于返尘主要成分是 Cu_2O、$CuSO_4$、Cu_2S 和 Fe_3O_4，提高 w_{Bdust}，相当于增大了这些组分的投入量。图 4-28 和图 4-29 数据表明，随着 w_{Bdust} 增大，Cu_2S、FeS 氧化造铜，以及 Fe、FeO 造渣反应趋势增强，导致这些组分活度和含量降低，结果是 Cu_2O 活度和含量相应增大，Cu 组分活度和含量先微量升高后微量降低。可见，提高 w_{Bdust} 在一定程度上有利于造铜和造渣反应进行。

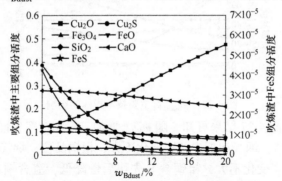

图 4-30　w_{Bdust} 对吹炼渣主要组分活度的影响

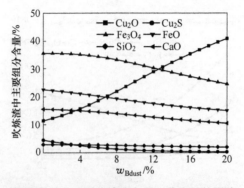

图 4-31　w_{Bdust} 对吹炼渣主要组分含量的影响

由图 4-30 和图 4-31 结果可知，提高 w_{Bdust}，吹炼渣中 Cu_2O、Cu_2S、FeS、FeO 活度和含量变化与粗铜中基本一致；另外，由于氧化或造渣消耗，吹炼渣中 Fe_3O_4、CaO、SiO_2 活度和含量先缓后快的降低，这说明吹炼渣中硫化物氧化反应优于造渣反应发生。

4.4.3.3 对烟气和烟尘主要组分含量的影响

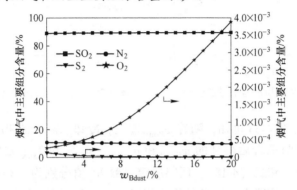

图 4-32 w_{Bdust} 对烟气主要组分质量分数的影响

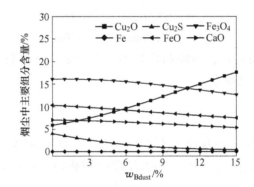

图 4-33 w_{Bdust} 对烟尘主要组分含量的影响

图 4-32 和图 4-33 数据表明，随 w_{Bdust} 增加，烟气中氧势增大，S_2 含量降低，其他组分变化不大；烟尘中各组分含量变化趋势与粗铜和吹炼渣中对应组分变化情况基本相同。

4.4.3.4 对热量控制的影响

为研究 w_{Bdust} 对闪速吹炼过程热量控制的影响，在以上投料量和工艺控制参数条件下，固定吹炼渣温（1250℃），考察了 w_{Bdust} 变化对冷却水需求量的影响，结果如图 4-34 所示；另外，固定冷却水流量（1000t/h），考察了 w_{Bdust} 变化对吹炼渣温的影响，结果如图 4-35 所示。在试算时发现，当 $w_{Bdust}>14\%$ 时，吹炼渣温度过低，因此，w_{Bdust} 考察范围为 0~14%。

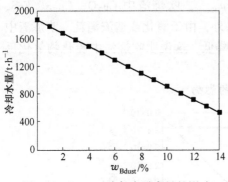
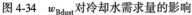
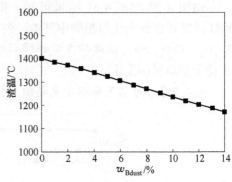

图 4-34　w_{Bdust} 对冷却水需求量的影响　　　图 4-35　w_{Bdust} 对吹炼温度（渣温）的影响

由图 4-34 和图 4-35 可知，随着 w_{Bdust} 增大，冷却水需求量和渣温均呈线性减少趋势，线性回归拟合后得到的 w_{Bdust} 和 q_{water}、w_{Bdust} 和 T_{slag} 之间的函数关系，分别见式（4-17）和式（4-18），回归决定系数 R^2 值分别为 1 和 0.9995。可见，冶炼厂在冷却水供应能力一定条件下，提高 w_{Bdust} 可一定程度上起到降低炉温的目的。

$$q_{water} = -95.012w_{Bdust} + 1862.1 \qquad (4-17)$$
$$T_{slag} = -16.766w_{Bdust} + 1404.8 \qquad (4-18)$$

综合以上几方面分析，为控制良好的粗铜含 S、渣含 Fe_3O_4 和渣温，建议 w_{Bdust} 控制在 8%~9% 之间。

4.4.4　富氧浓度

在氧料比 150m³/t，石灰熔剂率 3.15%，返尘率 8.6% 和吹炼渣温度 1250℃ 条件下，富氧浓度 φ_{Oxy} 在 25%~95% 范围内变化时，结果如图 4-36~图 4-43 所示。

4.4.4.1　对各相产出率和主要技术指标的影响

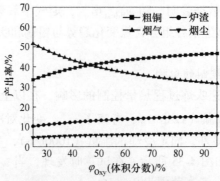

图 4-36　φ_{Oxy} 对各相产出率的影响

由图 4-36 可知，随 φ_{Oxy} 增加，由于烟气量大幅减少，而粗铜量和渣量基本不变，因此，粗铜和吹炼渣产率升高，烟气产率大幅降低。

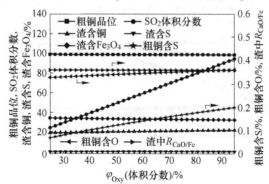

图 4-37 φ_{Oxy} 对主要技术指标的影响

图 4-37 数据表明，提高 φ_{Oxy}，由于鼓入总氧量不变，烟气量必然减少，导致烟气 SO_2 体积浓度大幅提升（即分压增大），粗铜含 S 增大，渣含 Fe_3O_4 降低，粗铜含 O 和渣含铜稍有增大，粗铜品位和渣中 $R_{CaO/Fe}$ 变化不明显。

4.4.4.2 对粗铜和吹炼渣主要组分活度与含量的影响

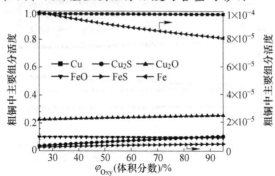

图 4-38 φ_{Oxy} 对粗铜主要组分活度的影响

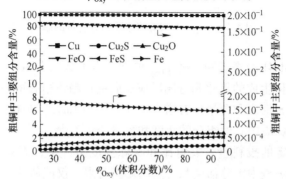

图 4-39 φ_{Oxy} 对粗铜主要组分含量的影响

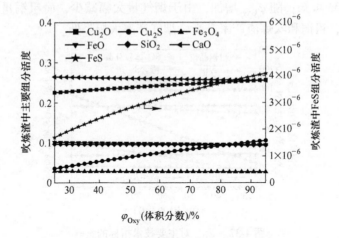

图 4-40　φ_{Oxy} 对吹炼渣主要组分活度的影响

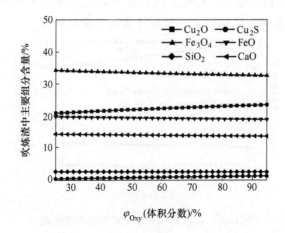

图 4-41　φ_{Oxy} 对吹炼渣主要组分含量的影响

图 4-38~图 4-41 结果表明，随 φ_{Oxy} 增加，由于烟气中 SO_2 分压增大，4.2.1 节中的有 SO_2 气体生成的氧化和造铜反应逆向进行趋势稍有增强，因此，粗铜和炉渣中 FeS、Cu_2S 活度和含量稍有增大，而两相中 Cu_2O、FeO、Fe_3O_4 含量稍有减小，粗铜和吹炼渣中其他组分的活度和含量变化不大。

可见，在一定的投料量、氧料比和吹炼温度条件下，因总氧量不变，提高 φ_{Oxy}，对粗铜和炉渣中组分活度和含量的影响有限，仅能从反应动力学角度增大冶炼强度。

4.4.4.3 对烟气和烟尘主要组分含量的影响

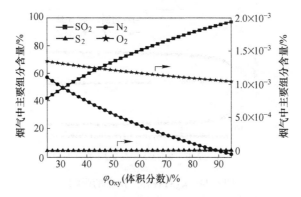

图 4-42 φ_{Oxy} 对烟气主要组分质量分数的影响

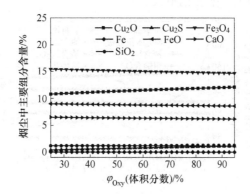

图 4-43 φ_{Oxy} 对烟尘主要组分含量的影响

图 4-42 数据表明，随 φ_{Oxy} 增大，由于烟气产率降低（即烟气体积降低），而由氧化和造铜反应生成的 SO_2 总量基本不变，因此，烟气中 SO_2 组分含量大幅升高，而 N_2 浓度相对大幅降低，其他组分含量变化不大；图 4-43 数据表明，烟尘中除 Cu_2O 含量稍有增大、Fe_3O_4 含量稍微降低外，其他组分含量也变化不大。

综上分析可知，如果制氧、高 SO_2 浓度烟气处理技术能满足要求，提高 φ_{Oxy} 有利于降低制酸成本，提高粗铜产量，减少烟气排放量，降低环境污染风险。

4.4.5 粗铜含硫

在石灰熔剂率 3.15%，返尘率 8.6%，富氧浓度 80% 和吹炼渣温度 1250℃ 条件下，粗铜含硫 w_S 在 0.05% ~ 1.05% 范围内变化时，结果如图 4-44 ~ 图 4-51 所示。

4.4.5.1 对各相产出率和主要技术指标的影响

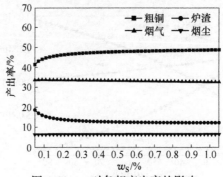

图 4-44 w_S 对各相产出率的影响

由图 4-44 可知，随 w_S 增大，粗铜产率先快后缓增大，吹炼渣产率先快后缓稍有降低，烟气和烟尘产率变化不大。

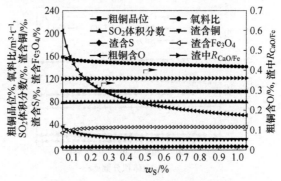

图 4-45 w_S 对主要技术指标的影响

图 4-45 数据表明，提高 w_S 可通过降低氧料比来实现，此时，由于炉内氧势降低，吹炼体系氧化反应趋势减弱，渣含铜和粗铜含 O 降低、渣含 Fe_3O_4 升高。

4.4.5.2 对粗铜和吹炼渣主要组分含量的影响

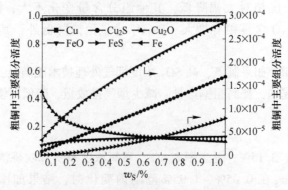

图 4-46 w_S 对粗铜主要组分活度的影响

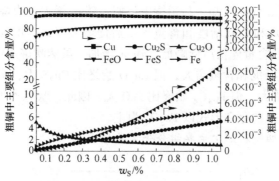

图 4-47 w_S 对粗铜主要组分含量的影响

图 4-46 和图 4-47 结果表明，随 w_S 增大，炉内氧势降低，粗铜中 Cu_2S、FeS 和 Fe 被氧化趋势减弱，这些组分活度和含量升高，而 Cu_2O 活度和含量相应降低，粗铜品位稍有下降，粗铜含铁以 FeO 为主。

因此，提高 w_S 使得粗铜中 Cu_2S 和 Cu_2O 交互反应趋势减弱、FeO 含量增加。这样，虽然能提高粗铜产能，但是必然导致粗铜质量下降。

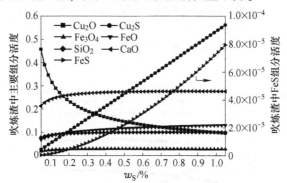

图 4-48 w_S 对吹炼渣主要组分活度的影响

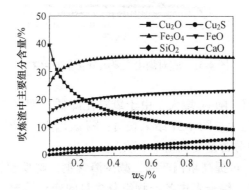

图 4-49 w_S 对吹炼渣主要组分含量的影响

由图 4-48 和图 4-49 可知，与粗铜中类似，随 w_S 增大，吹炼渣中 Cu_2S、FeS、FeO、Fe_3O_4、SiO_2 和 CaO 活度和含量先快后慢增大（$w_S = 0.20\%$ 为较明显分界点），Cu_2O 活度和含量先快后慢降低。随 w_S 增加，虽然吹炼渣中 Cu_2O 活度和含量降低，而 Cu_2S 活度和含量增大，但 Cu_2O 始终比 Cu_2S 大；虽然 Fe_3O_4 和 FeO 活度和含量均在增大，但 Fe_3O_4 始终比 FeO 大。因此，吹炼渣中铜的损失形式以 Cu_2O 为主，铁氧化物存在形式以 Fe_3O_4 为主。

4.4.5.3　对烟气和烟尘主要组分含量的影响

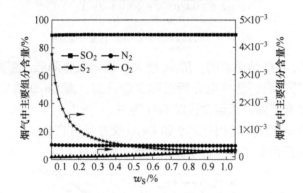

图 4-50　w_S 对烟气主要组分质量分数的影响

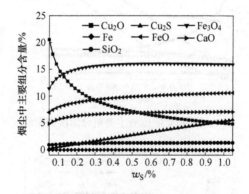

图 4-51　w_S 对烟尘主要组分含量的影响

图 4-50 数据表明，随 w_S 增大，由于氧料比降低，烟气中 O_2 含量降低，N_2 和 S_2 含量相对稍有增大。图 4-51 结果表明，随 w_S 增大，烟尘中各组分含量与粗铜和吹炼渣中对应组分含量变化基本一致。

因此，提高 w_S，可提高粗铜产率，减少渣含铜，降低粗铜含 O，但过高 w_S 会导致粗铜品位下降。综合考虑各产物组分含量的变化情况，要提高粗铜质量、降低渣含铜，建议 w_S 控制在 0.20% 左右。

4.4.6 渣中 $R_{CaO/Fe}$

在氧料比 150m³/t，返尘率 8.6%，富氧浓度 80% 和吹炼渣温度 1250℃ 条件下，渣中钙铁比 $R_{CaO/Fe}$ 在 0.05~1.25 范围内变化时，计算结果如图 4-52~图 4-59 所示。

4.4.6.1 对各相产出率和主要技术指标的影响

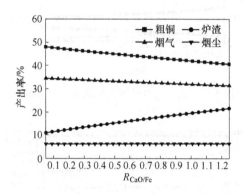

图 4-52 $R_{CaO/Fe}$ 对各相产出率的影响

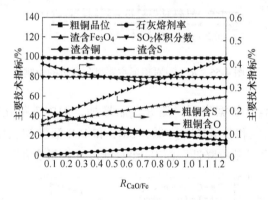

图 4-53 $R_{CaO/Fe}$ 对主要技术指标的影响

由图 4-52 和图 4-53 结果可知，提高 $R_{CaO/Fe}$，可通过提高石灰熔剂率来实现，此时，炉内造渣趋势增强，粗铜和烟气产率降低，吹炼渣产率升高，而烟尘率变化不大；粗铜品位和渣含铜小幅增加，粗铜和吹炼渣含 S 增大，粗铜含 O 减小，渣含 Fe_3O_4 快速降低，烟气中 SO_2 体积分数变化不大。

可见，提高 $R_{CaO/Fe}$，虽能提高粗铜品位，改善吹炼渣流动性，但吹炼渣产率、渣含铜和粗铜含 S 均会增大。

4.4.6.2 对粗铜和吹炼渣主要组分活度与含量的影响

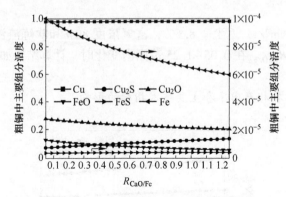

图 4-54 $R_{CaO/Fe}$ 对粗铜主要组分活度的影响

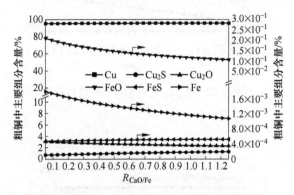

图 4-55 $R_{CaO/Fe}$ 对粗铜主要组分含量的影响

图 4-54 和图 4-55 数据表明，随 $R_{CaO/Fe}$ 增加，炉内铁氧化物造渣趋势增强，粗铜中 FeO、Fe 活度和含量稍有降低，Cu_2S 和 FeS 活度和组分含量相对少量增大，Cu_2O 活度和含量稍有降低，而 Cu 组分活度和含量变化不大。

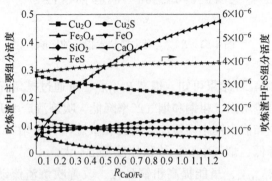

图 4-56 $R_{CaO/Fe}$ 对吹炼渣主要组分活度的影响

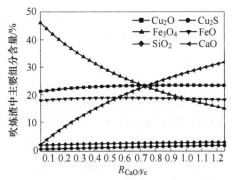

图 4-57 $R_{CaO/Fe}$ 对吹炼渣主要组分含量的影响

由图 4-56 和图 4-57 结果可知，与粗铜中各组分活度和含量变化趋势类似，随 $R_{CaO/Fe}$ 增加，由于投入 CaO 量增大，吹炼渣中 CaO 活度和含量快速升高，造渣趋势增强，FeO 和 Fe_3O_4 活度和含量降低，Cu_2S 和 FeS 活度和含量相对微量增大，而 SiO_2 活度和含量相对减小。

可见，提高 $R_{CaO/Fe}$ 相当于增大了石灰熔剂率，有利于降低吹炼渣中 Fe_3O_4 活度和含量，改善吹炼渣的流动性，降低排渣劳动强度。

4.4.6.3 对烟气和烟尘主要组分含量的影响

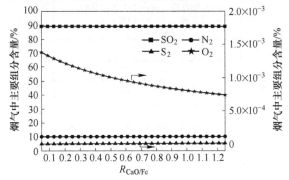

图 4-58 $R_{CaO/Fe}$ 对烟气主要组分质量分数的影响

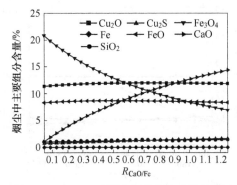

图 4-59 $R_{CaO/Fe}$ 对烟尘主要组分含量的影响

图 4-58 和图 4-59 数据表明，提高 $R_{CaO/Fe}$ 对烟气组分含量的影响不大，烟尘中 CaO 和 Fe_3O_4 含量分别快速升高和降低，其他组分含量变化不明显。

4.4.7　吹炼温度

在氧料比 150m³/t，石灰熔剂率 3.15%，返尘率 8.6% 和富氧浓度 80% 条件下，吹炼渣温度 T 在 1150~1350℃ 范围内变化时，计算结果如图 4-60~图 4-67 所示。

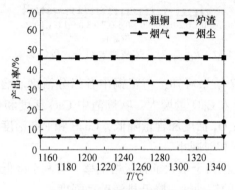

图 4-60　T 对各相产出率的影响

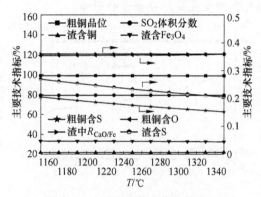

图 4-61　T 对主要技术指标的影响

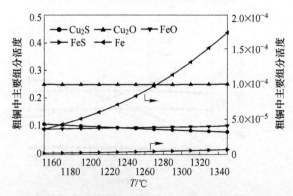

图 4-62　T 对粗铜主要组分活度的影响

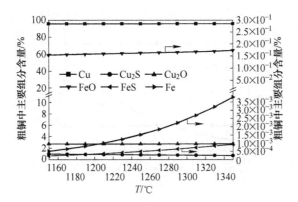

图 4-63　T 对粗铜主要组分含量的影响

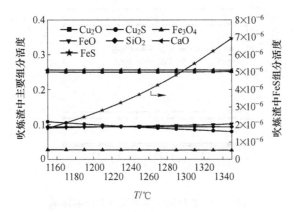

图 4-64　T 对吹炼渣主要组分活度的影响

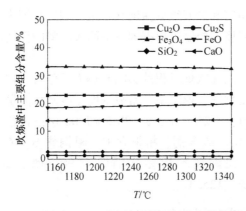

图 4-65　T 对吹炼渣主要组分含量的影响

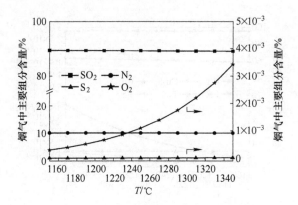

图 4-66　T 对烟气主要组分质量分数的影响

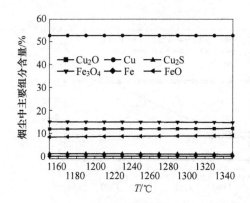

图 4-67　T 对烟尘主要组分含量的影响

由图 4-60~图 4-67 结果可知，提高吹炼温度 T，对各相产率、粗铜品位、渣含铜等主要技术指标、粗铜和炉渣组分活度和含量、烟气和烟尘主要组分含量等影响不大。因此，吹炼温度的控制可根据闪速炉耐火材料的性能和熔体流动性的需求来确定。

综合以上工艺参数对闪速吹炼过程的影响和热力学分析，在铜闪速吹炼生产实践中，氧料比、石灰熔剂率、返尘率、富氧浓度、冷却水流量等工艺操作参数建议分别控制在 150m³/t、3.2%、8.5%、80%、1000 t/h 左右。在此优化条件下，经模拟计算粗铜品位、渣含铜、粗铜含 O、粗铜含 S、渣含 Fe_3O_4、渣中 $R_{CaO/Fe}$、吹炼渣温度等关键技术指标分别约为 98.79%、21.58%、0.35%、0.26%、33.06%、0.36%、1252℃。

4.5　工艺参数对杂质分配规律的影响

为系统研究铜闪速吹炼过程的杂质行为，采用已经开发的铜闪速吹炼多相平衡计算系统，考察了工艺参数对杂质元素在产物中分配率和分配比等的影响，并采用分配率和分配比定量描述杂质元素各产物相中的分配规律。

定义 e 杂质元素在 f 相中的分配率（%）为式（4-19）：

$$D_e^f = \frac{e \text{ 杂质在 } f \text{ 相中的质量}}{\sum e \text{ 杂质在各相中的质量}} \times 100\% \qquad (4\text{-}19)$$

定义 e 杂质元素在粗铜和吹炼渣的分配比为式（4-20）：

$$L_e^{\text{bc/sl}} = \frac{D_e^{\text{bc}}}{D_e^{\text{sl}}} \qquad (4\text{-}20)$$

式中，下角 e 代表 Pb、Zn、As、Sb、Bi、Ni、Co、Cd、Cr、Sn 等元素；上角 f 代表 bc（粗铜），sl（炉渣），gt（烟气烟尘）。

4.5.1 氧料比

在与 4.4.1 节相同条件下，采用所构建的数模计算系统，考察了氧料比在 $135\sim185\text{m}^3/\text{t}$ 范围变化时，对杂质元素在产物中的分配率和分配比等的影响，结果如图 4-68~图 4-71 所示。

4.5.1.1 对杂质元素在产物中分配率的影响

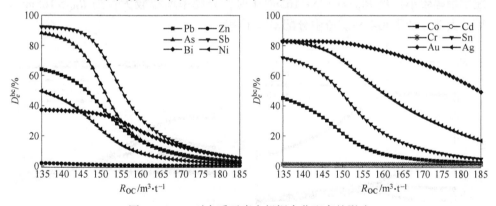

图 4-68　R_{OC} 对杂质元素在粗铜中分配率的影响

由图 4-68 可知，Zn、Cd 和 Cr 杂质元素在粗铜中的分配率较小；随 R_{OC} 增大，各杂质元素在粗铜中分配率均呈降低趋势，其中，Pb、As、Sb、Bi、Au 和 Ag 元素在粗铜中的分配率先缓后快降低，R_{OC} 为 $145\sim150\text{m}^3/\text{t}$ 时是较为明显的突变区间；当 $R_{\text{OC}}>165\text{m}^3/\text{t}$ 后，由于炉内氧化气氛较强，大部分杂质元素可充分氧化入渣，在粗铜中的分配率也降至较低水平。

因此，在闪速吹炼时，提高 R_{OC}，可达到粗铜中杂质元素氧化脱除的目的，但 $R_{\text{OC}}>165\text{m}^3/\text{t}$ 后，除杂效果已较好，继续提高 R_{OC}，会增加能耗和生产成本，且不利于贵金属在粗铜相富集。

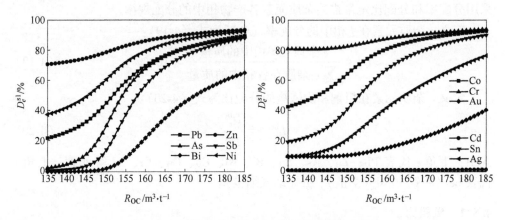

图 4-69　R_{OC} 对杂质元素在吹炼渣中分配率的影响

由图 4-69 可知，除 Cd 元素在吹炼渣中的分配率变化不明显外，随 R_{OC} 增大，其他杂质元素的分配率均呈增大趋势。当 R_{OC} 为 135~145m³/t 时，杂质元素的分配率增幅较小；当 R_{OC} 为 145~165m³/t 时，分配率增幅较大；当 R_{OC} >165m³/t 后，大部分杂质元素在炉渣中分配率趋于稳定。

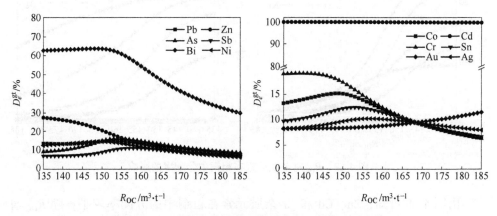

图 4-70　R_{OC} 对杂质元素在烟气烟尘中分配率的影响

由图 4-70 可知，随 R_{OC} 增大，Pb、As、Sb、Bi、Ni、Co、Sn 和 Ag 在烟气烟尘中分配率先增大后减小，而 Zn 和 Cr 的分配率先缓后快的降低，Au 和 Cd 的分配率变化不大；当 R_{OC} 为 145~150m³/t 时，大部分杂质元素在烟气烟尘中的分配率开始降低。因此，要降低有害杂质元素在烟气烟尘中的挥发率，R_{OC} 应不低于 150m³/t。

4.5.1.2 对杂质元素在粗铜和吹炼渣中分配比的影响

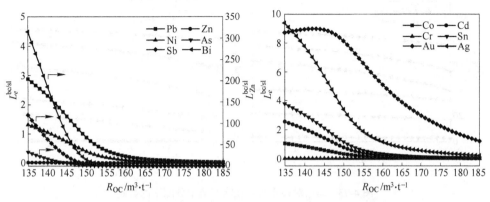

图 4-71 R_{OC} 对杂质元素在粗铜与吹炼渣中分配比的影响

由图 4-71 可知，当 $R_{OC} < 150 m^3/t$ 时，Pb、As、Sb、Bi、Cd、Sn、Au 和 Ag 在两相中分配比大于 1，更易进入粗铜相；Zn、Ni、Cr 和 Co 在两相中分配比小于 1，更容易进吹炼渣；随 R_{OC} 增大，各杂质元素在粗铜与吹炼渣中的分配比大多先快速降低后趋于 0，R_{OC} 为 $150 \sim 155 m^3/t$ 时是较为明显的拐点区间。

综合本节和 4.4.1 节的分析可知，提高 R_{OC}，虽能提高杂质元素的入渣脱除率，但同时也会带来贵金属捕集率降低、粗铜产率和质量下降、渣含铜升高等问题。因此，R_{OC} 不宜控制过高。

4.5.2 石灰熔剂率

在 4.4.2 节相同条件下，考察了石灰熔剂率 w_{CaO} 在 $0 \sim 15\%$ 范围变化时，对杂质元素在产物中的分配率和分配比等的影响，结果如图 4-72 ~ 图 4-75 所示。

4.5.2.1 对杂质元素在产物中分配率的影响

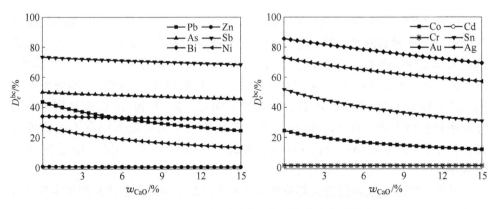

图 4-72 w_{CaO} 对杂质元素在粗铜中分配率的影响

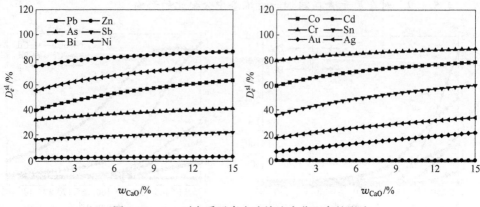

图 4-73 w_{CaO} 对杂质元素在吹炼渣中分配率的影响

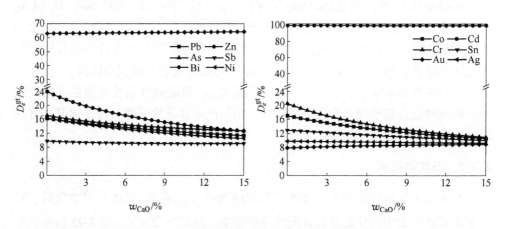

图 4-74 w_{CaO} 对杂质元素在烟气烟尘中分配率的影响

由图 4-72～图 4-74 结果可知，随 w_{CaO} 增加，Pb、Ni、Co、Sn、Au 和 Ag 在粗铜中分配率稍有降低，其他杂质元素分配率变化不大。提高 R_{CaO}，由于吹炼渣量大幅增加，因此，各杂质元素在吹炼渣中的分配率均有所增大，其中，Pb、Zn、Ni、Co、Cr、Sn、Au 和 Ag 的分配率增幅较大，As 和 Sb 的分配率增幅次之，Bi 和 Cd 分配率较小且变化幅度不明显；除 Bi 和 Au 在烟气烟尘中的分配率稍有增大外，随 w_{CaO} 增加，其他各杂质元素的分配率均有不同程度降低，其中，Pb、Zn、As、Ni、Co、Cr 和 Sn 降幅较大，Sb、Cd、Ag 分配率减幅较小。

可见，提高 w_{CaO} 对促进大部分杂质元素入渣脱除和减少杂质在烟气中排放量有利。

4.5.2.2 对杂质元素在粗铜和吹炼渣中分配比的影响

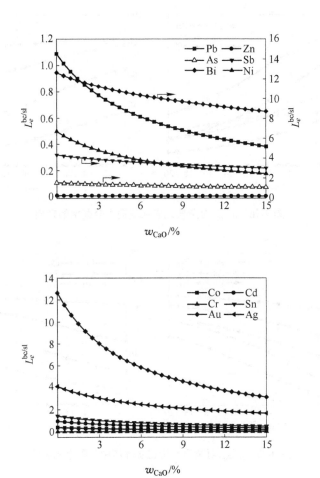

图 4-75 w_{CaO} 对杂质元素在粗铜与吹炼渣中分配比的影响

由图 4-75 可知，随 w_{CaO} 增大，除 Zn、Co 和 Cr 杂质元素在粗铜与炉渣中的分配比变化不明显外，其他杂质在两相中的分配比有不同程度降低。因此，为提高杂质脱除效果，可适当提高 w_{CaO}，但根据 4.4.2 节的分析结果，过高 w_{CaO} 会带来粗铜产率降低、渣率增大等问题。

4.5.3 吹炼返尘率

在与 4.4.3 节相同条件下，考察了返尘率 w_{Bdust} 在 0~20% 范围变化时，对杂质元素在产物中的分配率和分配比等的影响，结果如图 4-76~图 4-79 所示。

4.5.3.1 对杂质元素在产物中分配率的影响

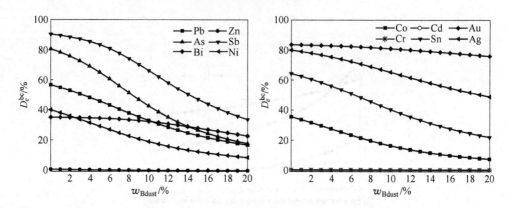

图 4-76 w_{Bdust} 对杂质元素在粗铜中分配率的影响

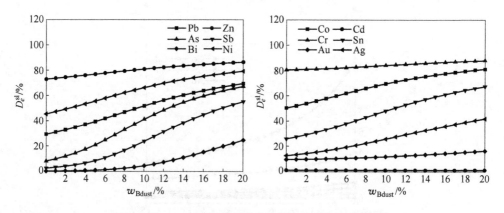

图 4-77 w_{Bdust} 对杂质元素在吹炼渣中分配率的影响

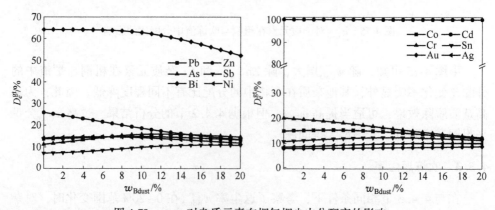

图 4-78 w_{Bdust} 对杂质元素在烟气烟尘中分配率的影响

图 4-76~图 4-78 数据表明，Zn、Cd 和 Cr 在粗铜中分配率较小且变化不明显，随 w_{Bdust} 增大，其他杂质元素在粗铜中的分配率均呈减小趋势，其中，Pb、Sb、Bi、Ni、Co、Sn 和 Ag 杂质元素分配率减小幅度较大；除 Au 和 Cd 外，各杂质元素在吹炼渣中分配率均有较大幅度增加；在烟气烟尘中，Pb、As、Ni 和 Sn 元素分配率先增大后减小，Sb、Ag 元素分配率稍有增加，而 Zn、Cr 元素分配率快速降低，Bi、Co 元素分配率先缓后快减小，Au、Cd 分配率变化不明显。

4.5.3.2 对杂质元素在粗铜和吹炼渣中分配比的影响

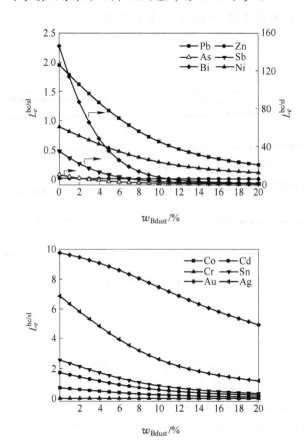

图 4-79 w_{Bdust} 对杂质元素在粗铜与吹炼渣中分配比的影响

由图 4-79 可知，Zn、Ni、Co 和 Cr 等杂质元素主要分配进入炉渣；随 w_{Bdust} 增大，各杂质元素在两相的分配比均呈下降趋势，其中，As、Bi 和 Ni 下降幅度最大，Pb、Au、Ag、Cd 和 Sn 下降幅度次之；当 $w_{Bdust}>8.5\%$ 后，除 Au 和 Ag 外，各杂质入渣脱除效果下降。可见，提高 w_{Bdust} 对于脱除系统中 As、Sb 和 Bi 杂质作用较为明显。

综合以上分析结果可知，提高 w_{Bdust} 总体上有利于吹炼体系中杂质的入渣脱除，但 w_{Bdust} 过高会带来粗铜产率下降、渣含铜升高和炉温下降等不良结果。

4.5.4 富氧浓度

在与 4.4.4 节相同条件下，考察了富氧浓度 φ_{Oxy} 在 25%～95% 范围内变化时，对杂质元素在产物中的分配率和分配比等的影响，计算结果如图 4-80～图 4-83 所示。

4.5.4.1 对杂质元素在产物中分配率的影响

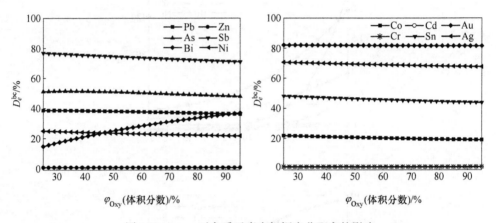

图 4-80　φ_{Oxy} 对杂质元素在粗铜中分配率的影响

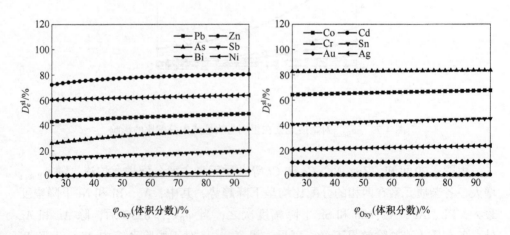

图 4-81　φ_{Oxy} 对杂质元素在吹炼渣中分配率的影响

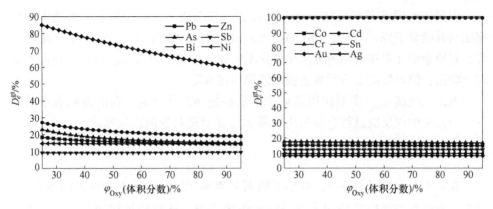

图 4-82 φ_{Oxy} 对杂质元素在烟气烟尘中分配率的影响

图 4-80~图 4-82 数据表明，随 φ_{Oxy} 增大，各杂质元素在粗铜中的分配率均有微量下降，在吹炼渣中的分配率均有微量升高，烟尘中 Pb、Zn、As 和 Bi 的分配率有所下降，其他杂质元素的分配率变化不明显。

4.5.4.2 对杂质元素在粗铜和吹炼渣中分配比的影响

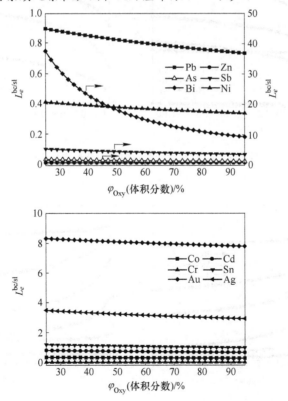

图 4-83 φ_{Oxy} 对杂质元素在粗铜与吹炼渣中分配比的影响

由图 4-83 数据结果可知，随 φ_{Oxy} 增大，各杂质元素在粗铜和吹炼渣中的分配比均有微量下降，其中，Pb、As、Sb、Bi、Ni、Au 和 Ag 分配比变化相对更大，其他杂质元素在两相的分配比变化不明显。可见，提高 φ_{Oxy} 在一定程度上有利于除杂，但对提高杂质元素的脱除效果作用有限。

因此，提高 φ_{Oxy} 主要作用是减少富氧耗量和强化反应，在低制氧成本前提下，为强化炉内反应过程，可采用较高 φ_{Oxy} 条件进行铜闪速吹炼。

4.5.5　粗铜含硫

在 4.4.5 节相同条件下，考察了粗铜含硫 w_S 在 0.05% ~ 1.05% 范围变化时，对杂质元素在产物中的分配率和分配比等的影响，计算结果如图 4-84 ~ 图 4-87 所示。

4.5.5.1　对杂质元素在产物中分配率的影响

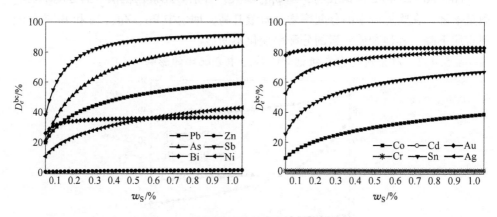

图 4-84　w_S 对杂质元素在粗铜中分配率的影响

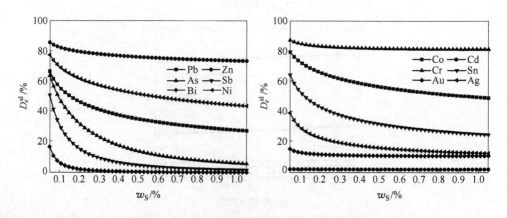

图 4-85　w_S 对杂质元素在吹炼渣中分配率的影响

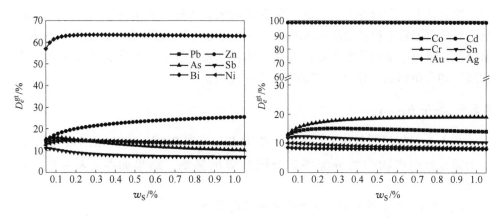

图 4-86 w_S 对杂质元素在烟气烟尘中分配率的影响

图 4-84～图 4-86 数据表明，随 w_S 增大，除 Zn、Cd 和 Cr 杂质元素在粗铜中分配率较小且变化不大外，其他杂质元素分配率均先快后缓升高。与粗铜中的情况相反，随 w_S 增大，各杂质元素在吹炼渣中的分配率均先快后缓降低；各杂质元素在各相中的分配率变化以 w_S 在 0.2% 附近为明显的分界点，w_S 超过分界点，两相中杂质分配率变化幅度减小；随 w_S 增大，Zn、Bi 和 Cr 元素在烟气烟尘中分配率先快速增大后趋于稳定，Ni 和 Co 的分配率先增大后减小，Pb、As、Sb、Sn 和 Ag 的分配率先减小后趋于稳定，Cd 和 Au 的分配率变化不大。

4.5.5.2 对杂质元素在粗铜和吹炼渣中分配比的影响

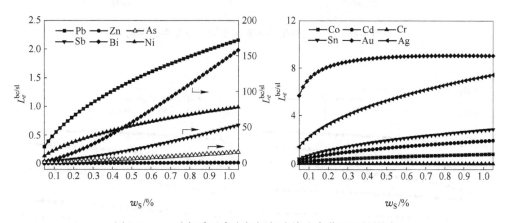

图 4-87 w_S 对杂质元素在粗铜与吹炼渣中分配比的影响

由图 4-87 数据结果和曲线变化趋势可知，随 w_S 增大，各杂质元素在粗铜和吹炼渣中分配比均呈增大趋势，其中，As、Sb 和 Bi 的分配比变化幅度最大，Au 和 Ag 次之，Pb、Ni、Co、Cd 和 Sn 分配比小幅变化，Zn 和 Cr 分配比变化不明显。

综合以上杂质行为分析可知，降低炉内氧势可提高粗铜含硫（w_S），然而，也会导致铜锍粉中包括杂质在内的各金属硫化物氧化程度降低，使杂质氧化入渣率降低，粗铜中杂质分配率相对升高。结合4.4.5节中"过低w_S会导致渣含铜较高"的分析结论，建议w_S控制在0.20%左右。

4.5.6　渣中$R_{CaO/Fe}$

在4.4.6节相同条件下，考察了渣中$R_{CaO/Fe}$在0.05~1.25范围内变化时，对杂质元素在产物中的分配率和分配比等的影响，结果如图4-88~图4-91所示。

4.5.6.1　对杂质元素在产物中分配率的影响

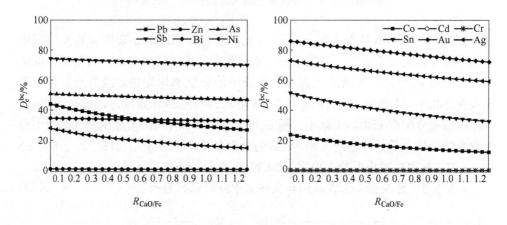

图4-88　$R_{CaO/Fe}$对杂质元素在粗铜中分配率的影响

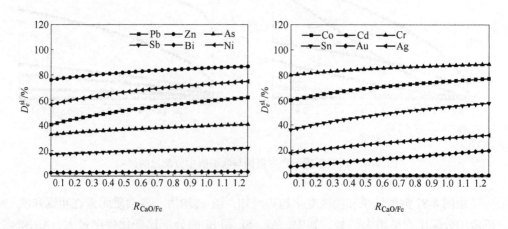

图4-89　$R_{CaO/Fe}$对杂质元素在吹炼渣中分配率的影响

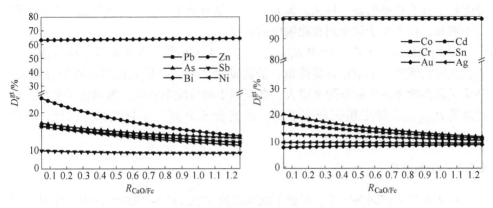

图 4-90　$R_{CaO/Fe}$ 对杂质元素在烟气烟尘中分配率的影响

图 4-88～图 4-90 数据表明，随 $R_{CaO/Fe}$ 增大，Pb、Ni、Co、Sn、Au 和 Ag 在粗铜中分配率减小，其他杂质元素分配率变化不大；各杂质元素在炉渣相中分配率均有不同程度增大，其中，Pb、Zn、As、Ni、Co、Cr、Sn、Au 和 Ag 分配率增幅较明显；各杂质元素在烟气烟尘中分配率均有不同程度降低，其中，Pb、Zn、As、Ni、Co、Cr 和 Sn 分配率减幅较大，其他杂质元素分配率减幅不大或不明显。

综合以上分析可知，提高 $R_{CaO/Fe}$ 可增强 Pb、Zn、As、Ni、Co、Cr 和 Sn 等杂质的脱除效果，但不利于贵金属在粗铜中的捕集。

4.5.6.2　对杂质元素在粗铜和吹炼渣中分配比的影响

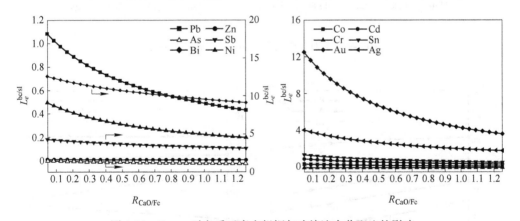

图 4-91　$R_{CaO/Fe}$ 对杂质元素在粗铜与吹炼渣中分配比的影响

由图 4-91 可知，随着 $R_{CaO/Fe}$ 增大，各杂质元素在粗铜与吹炼渣中的分配比均有不同程度的减小，其中，Pb、Sb、Bi、Au 和 Ag 分配比降幅稍大，其他杂质分配较小且变化不明显。可见，提高 $R_{CaO/Fe}$ 虽有利于杂质的入渣脱除，但除杂效果不明显，且不利于贵金属在粗铜中的捕集。

增大熔剂率，可提高渣中 $R_{CaO/Fe}$，综合 4.4.6 节和 4.5.6 节杂质行为的分析，此时吹炼渣中 Fe_3O_4 含量降低，渣流动性变好，杂质氧化物造渣趋势增大，杂质元素在吹炼渣中的分配率增大、在粗铜中的分配率降低，粗铜质量变好，但过高的 $R_{CaO/Fe}$ 会带来粗铜产率下降、粗铜含 S 升高等不良结果。因此，建议 $R_{CaO/Fe}$ 控制在 0.35 左右。

4.5.7　吹炼温度

在 4.4.7 节相同条件下，考察了吹炼温度 T 在 1150~1350℃ 范围变化时，对杂质元素在产物中的分配率和分配比等的影响，结果如图 4-92~图 4-95 所示。

4.5.7.1　对杂质元素在产物中分配率的影响

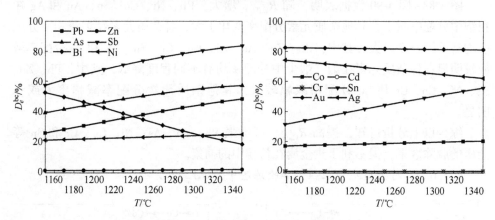

图 4-92　T 对杂质元素在粗铜中分配率的影响

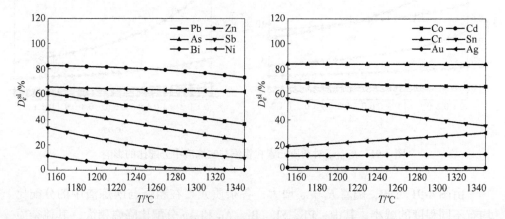

图 4-93　T 对杂质元素在吹炼渣中分配率的影响

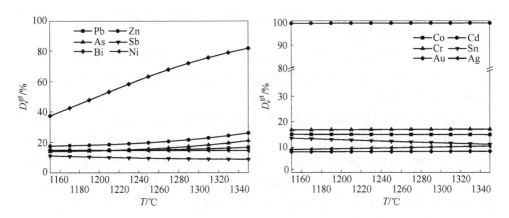

图 4-94 T 对杂质元素在烟气烟尘中分配率的影响

图 4-92~图 4-94 结果表明,随吹炼温度 T 增大,除 Zn、Cd、Cr 和 Au 在粗铜中分配率变化不大,Bi 和 Ag 的分配率降低外,其他杂质元素分配率均有不同程度增大,其中,Pb、As、Sb 和 Sn 分配率增幅较大;Ag 在吹炼渣分配率稍有升高,Co、Cd、Cr 和 Au 分配率变化不大,其他杂质的分配率均有所降低,其中,Pb、As、Sb、Bi 和 Sn 杂质元素在吹炼渣中分配率降幅较大;Zn、As、Cd 和 Ag 在烟气烟尘中分配率稍有增大,Pb、Sb、Ni 和 Sn 分配率稍有降低,其他杂质分配率变化不大。

4.5.7.2 对杂质元素在粗铜和吹炼渣中分配比的影响

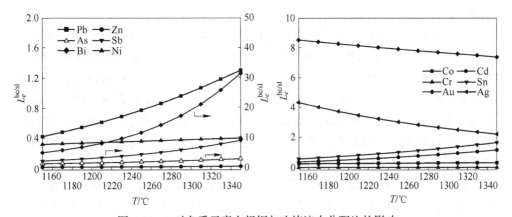

图 4-95 T 对杂质元素在粗铜与吹炼渣中分配比的影响

由图 4-95 数据结果和曲线变化可知,提高吹炼温度 T,除 Au 和 Ag 在粗铜与吹炼渣中的分配比降低外,其他杂质元素的分配比均有不同程度增大,其中,Pb、As、Sb、Bi、Cd 和 Sn 分配比变化相对更大,Zn、Co、Cr 和 Ni 在两相中分配比变化不明显。可见，提高 T 不利于部分有害杂质的入渣脱除，且增大了有害杂质挥发污染环境的风险。

根据 4.4.7 节的分析和 4.5.7 节中杂质行为的分析结果可知，降低吹炼温度 T，可增强除杂效果、减少有害杂质挥发率，但过低吹炼温度易导致粗铜含 S 升高和熔体流动性变差。

综合 4.5 节中工艺参数对闪速吹炼过程杂质行为的影响规律，在 4.4 节分析获得的较优工艺参数控制条件下，Pb、Zn、As、Sb、Bi 有害杂质在粗铜中的分配率约为 40%、1%、55%、75% 和 35%，在吹炼渣中分别约为 45%、79%、30%、15% 和 2%，在烟气烟尘中分别约为 15%、20%、15%、10% 和 63%；Ni、Co、Cd、Cr 和 Sn 等伴生元素在粗铜中的分配率约为 25%、20%、1%、1% 和 47%，在吹炼渣中分别约为 60%、65%、1%、82% 和 41%，在烟气烟尘中分别约为 15%、15%、98%、17% 和 12%。

4.6 本章小结

以铜闪速吹炼过程为研究对象，根据过程多相反应机理，采用最小吉布斯自由能法和化学平衡常数法，构建了铜闪速吹炼过程多相平衡数学模型和计算系统；采用数模系统对铜闪速过程进行了系统热力学分析，考察了工艺操作参数对各相产出率、关键技术指标（粗铜品位、渣含铜、渣中 Fe_3O_4 含量、粗铜含 S 和 O、渣中 $R_{CaO/Fe}$ 等）、主要产物组分活度与含量、杂质元素分配行为等的影响，揭示了该过程的物料多相演变和杂质迁移分配规律，得到了一些具有指导意义的结果。

(1) 根据第 3 章闪速熔炼过程的优化计算结果，并利用所构建模型实例计算了国内某"双闪"铜冶炼企业典型闪速吹炼生产工况，获得了吹炼各相产物组成、杂质在吹炼渣和粗铜中的分配比等信息；在此基础上，将模型计算得出的粗铜含硫-渣含铜的关系曲线与文献报道结果进行了对比。结果表明：模型计算结果与工业生产数据和文献结果吻合得较好，具有较高的计算精度，说明建立的模型基本能反映铜闪速吹炼生产实践，可用于该过程物料演变与杂质行为规律热力学分析研究。

(2) 在对所构建闪速吹炼模型进行实例验证的基础上，利用该模型系统考察了氧料比（R_{OC}）、石灰熔剂率（w_{CaO}）、返尘率（w_{Bdust}）、富氧浓度（φ_{Oxy}）、粗铜含硫（w_S）、渣中钙铁比（$R_{CaO/Fe}$）和吹炼温度（T）等工艺参数对闪速吹炼过程物料多相演变和杂质分配行为的综合影响。结果表明，提高 φ_{Oxy}、w_{CaO} 和 T，可在一定程度上提高粗铜质量，增加杂质脱除效果，改善吹炼渣流动性，但过高的 R_{OC} 和 w_{CaO} 会导致渣含铜增加，而过高的 T 会增大有害杂质的挥发率；φ_{Oxy} 除对烟气量和富氧需求量有一定影响外，对粗铜和吹炼渣组分影响不大；提高 w_{Bdust} 总体上有利于吹炼体系中杂质的入渣脱除，但 w_{Bdust} 过高会带来粗铜产率下降、渣含铜升高和炉温下降等不良结果。

（3）通过铜闪速吹炼过程的系统热力学分析，得到氧料比、石灰熔剂率、返尘率、富氧浓度、冷却水流量等工艺操作参数的较优控制值分别为 150m³/t、3.2%、8.5%、80%、1000 t/h 左右。在此优化条件下，粗铜品位、渣含铜、粗铜含 O、粗铜含 S、渣含 Fe_3O_4、渣中 $R_{CaO/Fe}$、吹炼渣温度等关键技术指标的模拟计算值分别约为 98.79%、21.58%、0.35%、0.26%、33.06%、0.36%、1252℃。

（4）在较优工艺参数条件下，Pb、Zn、As、Sb、Bi 有害杂质在粗铜中的分配率约为 40%、1%、55%、75% 和 35%，在吹炼渣中分别约为 45%、79%、30%、15% 和 2%，在烟气烟尘中分别约为 15%、20%、15%、10% 和 63%；Ni、Co、Cd、Cr 和 Sn 等伴生元素在粗铜中的分配率约为 25%、20%、1%、1% 和 47%，在吹炼渣中分别约为 60%、65%、1%、82% 和 41%，在烟气烟尘中分别约为 15%、15%、98%、17% 和 12%。

5 铜阳极精炼过程热力学仿真分析研究

5.1 概述

铜精矿历经闪速熔炼和闪速吹炼两个强氧化过程，脱除了绝大部分的 Fe 和 S，得到的粗铜含铜在 98.5% ~ 99.5% 之间，但其仍含有少量 Pb、Zn、As、Sb、Bi、Ni、Co、Cd、Cr、Sn 等杂质元素，会对铜的物理性质产生不同影响，从而降低铜的使用价值。因此，为满足铜的各种性能需求，需进一步对粗铜进行精炼提纯。精炼的目的有两个：一个是进一步脱除杂质，提高铜的纯度，使得铜含量达到 99.95% 以上；另一个是为了综合回收粗铜中的有价金属，尤其是贵金属[192]。

粗铜精炼方法有两类：一类是针对贵金属和杂质含量较低的粗铜，直接采用火法精炼，所产的精铜仅能用于对纯度要求不高的领域；另一类是先通过火法精炼除去部分杂质，然后再进行电解精炼，从而得到高纯阴极铜。目前，后者是铜火法冶炼工业采用的主要工艺流程。

然而，由于铜转炉吹炼工艺采用硅酸铁渣系，而闪速吹炼采用的是铁酸钙渣系且为强氧化冶炼过程，两种吹炼工艺的除杂效果不同，得到的粗铜成分（尤其是粗铜含 S 和 O）稍有不同，因此，铜火法精炼工艺控制和杂质行为会有所差异，研究"双闪"铜冶炼工艺条件下的阳极精炼过程物料演变和杂质行为，对揭示阳极精炼过程物料转变行为和优化工艺控制参数具有一定的理论指导意义。

鉴于此，本章在闪速熔炼和闪速吹炼热力学分析和工艺参数优化研究的基础上，基于阳极精炼过程反应机理和生产取样分析数据，耦合化学平衡常数法-MQC 活度求解算法，研发铜阳极精炼过程热力学分析数学模型和模拟系统，重点考察气料比、熔剂率和精炼温度对阳极精炼产物主要组分活度、组成以及杂质分配行为的影响，揭示阳极精炼过程的物料演变和杂质分配行为规律。

5.2 铜阳极精炼过程数学模型

5.2.1 铜阳极精炼过程反应机理

粗铜的阳极精炼是在 1150 ~ 1200℃ 温度条件下，首先向阳极炉粗铜熔体中鼓入空气，使熔体中杂质与空气中的氧发生反应，生成杂质氧化物后进入精炼渣，而后采用碳氢化合物为还原剂将溶解在铜液中的残留氧除去，达到粗铜除杂和脱氧的目的[192]。

粗铜的阳极精炼工艺主要包括氧化、还原和浇铸 3 个阶段。

氧化精炼过程是在高温条件下，粗铜中少量铜与鼓入空气的氧反应如式（5-1）所示的氧化反应，生成 Cu_2O 溶解于铜液中，而后杂质 M 与 Cu_2O 发生置换反应，如式（5-2）所示。杂质氧化后生成的 MO 一般不溶解于粗铜进入精炼渣。

$$2[Cu] + O_2 === 2[Cu_2O] \tag{5-1}$$

$$[Cu_2O] + [M] === (MO) + 2[Cu] \tag{5-2}$$

经过氧化精炼后，铜液中还有 0.5%~1.0% 的氧，凝固时以 Cu_2O 形式析出，会给电解过程带来危害，因此，还需要还原脱氧。目前，工业上常用的脱氧剂有重油或天然气，其主要成分是碳氢化合物，在精炼高温条件下分解为氢和碳，燃烧后生成 CO 和 H_2 作为还原剂，与 Cu_2O 发生式（5-3）和式（5-4）所示的还原反应。

$$[Cu_2O] + H_2 === 2[Cu] + H_2O \tag{5-3}$$

$$[Cu_2O] + CO === 2[Cu] + CO_2 \tag{5-4}$$

5.2.2 铜阳极精炼过程数学建模

假定阳极精炼氧化期和还原期产物主要有氧化期铜液、精炼渣、氧化期烟气和烟尘、还原期铜液、还原期烟气。其中，氧化期烟尘是由炉内高速气流带动少量精炼渣形成，不参与平衡反应，并假定烟尘成分与精炼渣成分一致，还原期建模时暂未考虑漏风的影响，烟气成分未考虑残留氧，仅从气体热分解和还原热力学角度考虑。另外，因为精炼渣量较小，因此，在建立模型时暂未考虑铜液与精炼渣之间的相互夹杂。根据以上假定和铜阳极精炼过程反应机理，建模时系统确定的各产物组成如下：

（1）氧化期铜液（cl）：Cu、Cu_2O、Cu_2S、FeS、Fe、PbO、Zn、As、As_2O_5、Sb、Sb_2O_5、Bi、BiO、Ni、NiO、Co、Cd、Cr、Sn、Au、Ag、其他 1。

（2）精炼渣（sl）：Cu_2O、FeO、SiO_2、PbO、ZnO、As_2O_3、Sb_2O_3、Bi_2O_3、NiO、CoO、CdO、Cr_2O_3、SnO、其他 2。

（3）氧化期烟气（gs）：SO_2、O_2、N_2、PbO、ZnO、As_2O_3、Sb_2O_3、Bi_2O_3、Cr_2O_3、SnO、H_2O。

（4）氧化期烟尘（gt）：Cu_2O、SiO_2、FeO、PbO、ZnO、As_2O_3、Sb_2O_3、Bi_2O_3、NiO、CoO、CdO、Cr_2O_3、SnO、其他 3。

（5）还原期铜液：Cu、Cu_2S、Cu_2O、Fe、Pb、Zn、As、Sb、Bi、Ni、Co、Cd、Cr、Sn、Au、Ag、其他。

（6）还原期烟气：CO_2、CH_4、C_2H_6、N_2、H_2O。

　　虽然阳极火法精炼为周期性冶炼过程，但如果仅从宏观热力学上分析投入产出的物料演变行为，仍可根据 2.2 节阐述的建模原理构建两个主要冶炼阶段的数学模型。

5.2.2.1　氧化期数学模型构建

　　本节采用化学平衡常数法来构建铜阳极精炼氧化过程的热力学分析数学模型，采用的计算流程与图 4-2 类似，采用的产物组分标准吉布斯自由能和活度因子等基础热力学数据，详见 5.2.3 节。

　　采用化学平衡常数法构建铜阳极精炼氧化过程数学模型时，该冶炼体系包含 18 个不同 "元素"（Cu、Fe、S、O、Si、Pb、Zn、As、Sb、Bi、Ni、Cr、Co、Sn、Cd、Au、Ag、N），参与反应的氧化期铜液、精炼渣和氧化期烟气产物中共有 44 个化学组分，那么，独立反应数为 26，所列独立组分的化学反应及其平衡常数，见表 5-1。精炼产物温度根据热平衡迭代计算来确定（即产物温度是未知量）。

表 5-1　独立组分反应与平衡常数

序号	平衡反应	K_j	序号	平衡反应	K_j
1	$4Cu(cl)+O_2(gs)=2Cu_2O(cl)$	K_1	14	$Sb_2O_3(sl)+O_2(gs)=Sb_2O_5(cl)$	K_{14}
2	$Cu_2O(cl)=Cu_2O(sl)$	K_2	15	$Sb_2O_3(sl)=Sb_2O_3(gs)$	K_{15}
3	$Cu_2S(cl)+O_2(gs)=2Cu(cl)+SO_2(gs)$	K_3	16	$2Bi(cl)+O_2(gs)=2BiO(sl)$	K_{16}
4	$FeS(cl)+O_2(gs)=Fe(cl)+SO_2(gs)$	K_4	17	$4BiO(cl)+O_2(gs)=2Bi_2O_3(sl)$	K_{17}
5	$2Fe(cl)+O_2(gs)=2FeO(sl)$	K_5	18	$Bi_2O_3(sl)=Bi_2O_3(gs)$	K_{18}
6	$PbO(cl)=PbO(sl)$	K_6	19	$2Ni(cl)+O_2(gs)=2NiO(sl)$	K_{19}
7	$PbO(sl)=PbO(gs)$	K_7	20	$NiO(cl)=NiO(sl)$	K_{20}
8	$2Zn(cl)+O_2(gs)=2ZnO(sl)$	K_8	21	$2Co(cl)+O_2(gs)=2CoO(sl)$	K_{21}
9	$ZnO(sl)=ZnO(gs)$	K_9	22	$2Cd(cl)+O_2(gs)=2CdO(sl)$	K_{22}
10	$4As(cl)+3O_2(gs)=2As_2O_3(sl)$	K_{10}	23	$4Cr(cl)+3O_2(gs)=2Cr_2O_3(sl)$	K_{23}
11	$As_2O_3(sl)+O_2(gs)=As_2O_5(cl)$	K_{11}	24	$Cr_2O_3(sl)=Cr_2O_3(gs)$	K_{24}
12	$As_2O_3(sl)=As_2O_3(gs)$	K_{12}	25	$2Sn(cl)+O_2(gs)=2SnO(sl)$	K_{25}
13	$4Sb(cl)+3O_2(gs)=2Sb_2O_3(sl)$	K_{13}	26	$SnO(cl)=SnO(sl)$	K_{26}

5.2.2.2　还原期数学模型构建

　　铜阳极精炼还原期已知投入氧化后铜液量、组分和温度，以及天然气的组分等数据，天然气量、产物量及其组分等均为待求变量（共计 28 个），具体见表 5-2。

表 5-2 还原期数学模型变量

变量名	物理意义	单位	变量名	物理意义	单位
x_1	投入天然气量	m^3	x_{15}	还原期铜液中的 Cd	kg
x_2	单位转换变量	kg	x_{16}	还原期铜液中的 Cr	kg
x_3	还原期铜液量	kg	x_{17}	还原期铜液中的 Sn	kg
x_4	还原期铜液中的 Cu	kg	x_{18}	还原期铜液中的 Au	kg
x_5	还原期铜液中的 Cu_2S	kg	x_{19}	还原期铜液中的 Ag	kg
x_6	还原期铜液中的 Cu_2O	kg	x_{20}	还原期铜液中的其他	kg
x_7	还原期铜液中的 Fe	kg	x_{21}	烟气量	m^3
x_8	还原期铜液中的 Pb	kg	x_{22}	单位转换变量	kg
x_9	还原期铜液中的 Zn	kg	x_{23}	烟气中的 CO_2	kg
x_{10}	还原期铜液中的 As	kg	x_{24}	烟气中的 CH_4	kg
x_{11}	还原期铜液中的 Sb	kg	x_{25}	烟气中的 C_2H_6	kg
x_{12}	还原期铜液中的 Bi	kg	x_{26}	烟气中的 N_2	kg
x_{13}	还原期铜液中的 Ni	kg	x_{27}	烟气中的 H_2O	kg
x_{14}	还原期铜液中的 Co	kg	x_{28}	烟气中的 SO_2	kg

本节基于物料平衡、燃料比和还原率等约束关系来构建铜阳极精炼还原过程的热力学计算数学模型。其中，燃料比是指天然气燃料量与氧化后铜液投入量之比，还原率采用还原后铜液含氧质量百分含量来表示。数学模型包括 28 个各类方程，其中，物料平衡方程 2 个，元素质量守恒方程 20 个（分别为 Cu、Fe、S、O、Pb、Zn、As、Sb、Bi、Ni、Cr、Co、Sn、Cd、Au、Ag、C、H、N、其他），燃料比约束方程 1 个，还原率约束方程 1 个，脱硫率约束方程 1 个，烟气组分约束方程 1 个，烟气中体积和质量单位转换方程 2 个。

5.2.3 相关热力学数据

铜阳极精炼产物组分的吉布斯自由能根据式（3-37）计算，所用产物组分的标准热力学参数通过查询 MetCal desk 软件获得，具体见表 3-6 和表 4-2。铜液和精炼渣组分的活度因子列于表 5-3。假定烟气为理想气体，因此，烟气组分活度因子均为 1。

表5-3 产物组分的活度因子

组分	产物	活 度 因 子	参考文献
Cu	铜液	1	[114]
Cu_2O	铜液	20	[179]
Cu_2S	铜液	26	[29, 179]
FeS	铜液	1	[179]
Fe	铜液	15	[114]
PbO	铜液	5.7	[179]
Zn	铜液	0.11	[114]
As	铜液	0.0005	[114]
As_2O_5	铜液	1	—
Sb	铜液	0.013	[114]
Sb_2O_5	铜液	1	—
Bi	铜液	2.7	[114]
BiO	铜液	1	—
Ni	铜液	2.8	[114]
NiO	铜液	1	—
Co	铜液	107	[114]
Cd	铜液	0.73	[114]
Cr	铜液	1	[114]
Sn	铜液	0.11	[114]
Au	铜液	0.34	[114]
Ag	铜液	4.8	[114]
Cu_2O	精炼渣	$57.14x_{Cu_2O}$	[59, 134]
SiO_2	精炼渣	2.1	[59, 134]
FeO	精炼渣	$1.42x_{FeO} - 0.044$	[59, 134]
PbO	精炼渣	$e^{-3926/T}$	[139]
ZnO	精炼渣	$e^{400/T}$	[142]
As_2O_3	精炼渣	$3.838e^{(1523/T)} \cdot p_{O_2}^{0.158}$	[139]
Sb_2O_3	精炼渣	$e^{1055.66/T}$	[139]
Bi_2O_3	精炼渣	$e^{-1055.66/T}$	[139]
NiO	精炼渣	$e^{3050/T-1.30}$	[142]
CoO	精炼渣	MQC	活度模型

续表 5-3

组分	产物	活 度 因 子	参考文献
CdO	精炼渣	MQC	活度模型
Cr_2O_3	精炼渣	MQC	活度模型
SnO	精炼渣	MQC	活度模型

5.3 铜阳极精炼模型计算实例

5.3.1 计算条件

以国内某"双闪"铜冶炼企业的阳极精炼生产实践数据和第 4 章优化条件下的粗铜计算结果为入炉物料条件。

(1) 氧化精炼期条件：粗铜 57.20t/h、石英熔剂率 0.16%、气料比 22m³/t（空气体积量与投入粗铜量之比）、烟尘率 0.05%。在考虑了闪速吹炼阶段粗铜和吹炼渣的相互机械夹杂后，粗铜化学成分和物相成分见表 5-4 和表 5-5，粗铜温度在第 4 章实例计算得到的结果基础上，按经验降低 50℃ 取值（取 1166℃），添加的石英熔剂成分见表 5-6，精炼产物温度通过热平衡迭代计算获取。

表 5-4 入炉粗铜化学成分 （质量分数） （%）

成分	Cu	S	O	Fe	SiO_2	CaO	MgO
含量	98.79	0.20	0.35	0.14	$1.59×10^{-3}$	$8.50×10^{-3}$	$1.80×10^{-4}$
成分	Al_2O_3	Pb	Zn	As	Sb	Bi	Ni
含量	$6.19×10^{-5}$	$1.83×10^{-1}$	$2.25×10^{-3}$	$1.48×10^{-1}$	$1.74×10^{-2}$	$6.28×10^{-2}$	$7.60×10^{-3}$
成分	Co	Cd	Cr	Sn	Au	Ag	其他
含量	$7.91×10^{-3}$	$9.68×10^{-5}$	$1.66×10^{-7}$	$7.13×10^{-3}$	$1.08×10^{-3}$	$2.27×10^{-2}$	$6.11×10^{-2}$

表 5-5 入炉粗铜量与物相组成

质量 /t·h⁻¹	质量分数/%								
	Cu	Cu_2S	Cu_2O	Fe	FeS	FeO	Pb	Zn	As
	95.56	0.97	2.76	$9.01×10^{-4}$	$3.18×10^{-4}$	$1.57×10^{-1}$	$1.82×10^{-1}$	$1.43×10^{-3}$	$1.48×10^{-1}$
	Sb	Bi	Ni	Co	Cd	Cr	Sn	Au	Ag
57.20	$1.74×10^{-2}$	$6.28×10^{-2}$	$7.55×10^{-3}$	$7.84×10^{-3}$	$9.63×10^{-5}$	$2.85×10^{-10}$	$7.11×10^{-3}$	$1.08×10^{-3}$	$2.27×10^{-2}$
	Fe_3O_4	SiO_2	CaO	MgO	Al_2O_3	PbO	ZnO	As_2O_3	Sb_2O_3
	$2.04×10^{-2}$	$1.59×10^{-3}$	$8.50×10^{-3}$	$1.80×10^{-4}$	$6.19×10^{-5}$	$6.37×10^{-4}$	$1.02×10^{-3}$	$5.24×10^{-4}$	$2.34×10^{-5}$
	Bi_2O_3	NiO	CoO	CdO	Cr_2O_3	SnO	Ag_2O	其他	
	$2.52×10^{-5}$	$6.79×10^{-5}$	$8.70×10^{-5}$	$5.04×10^{-7}$	$2.43×10^{-7}$	$2.45×10^{-5}$	$1.21×10^{-5}$	$6.11×10^{-2}$	

表 5-6　入炉石英熔剂物相成分（质量分数）　　　　　　（%）

成分	SiO_2	Fe_2O_3	H_2O	其他
含量	97.7	1.43	0.3	0.57

（2）还原精炼期条件：铜液量及其成分从氧化期计算结果中获取，燃料比 $4.56m^3/t$，尾气天然气残留率 20%。

5.3.2　计算系统

根据 5.2.2 节的建模原理、5.2.3 节的热力学数据和以上计算条件，构建了铜阳极精炼氧化期和还原期的热力学计算数学模型，研发了数模系统，如图 5-1 所示。其中，还原期数学模型的各方程整理后具体形式见表 5-7。

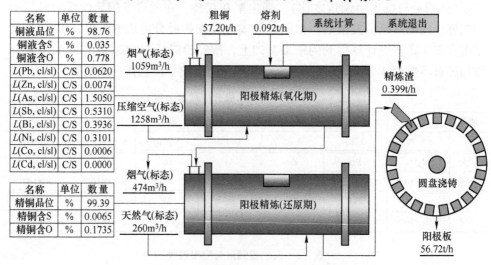

图 5-1　阳极精炼过程热力学计算系统

表 5-7　还原期数学模型方程

方程名	方程形式	方程名	方程形式
Cu 元素守恒	$x_4 + 0.7986x_5 + 0.8882x_6 = 56373.8$	Au 元素守恒	$x_{18} = 0.6194$
O 元素守恒	$-0.02855x_1 + 0.1118x_6 + 0.7271x_{23} + 0.8881x_{27} + 0.4995x_{28} = 443.9$	Ag 元素守恒	$x_{19} = 13$
S 元素守恒	$0.2014x_5 + 0.5005x_{28} = 20.01$	C 元素守恒	$-0.568x_1 + 0.2729x_{23} + 0.7487x_{24} + 0.7989x_{25} = 0$

方程名	方程形式	方程名	方程形式
Fe 元素守恒	$x_7 = 0.9745$	H 元素守恒	$-0.1808x_1 + 0.2513x_{24} +$ $0.2011x_{25} + 0.1119x_{27} = 0$
Pb 元素守恒	$x_8 = 93.76$	N 元素守恒	$-0.0125x_1 + x_{26} = 0$
Zn 元素守恒	$x_9 = 0.6619$	其他元素守恒	$x_{20} = 0.7094$
As 元素守恒	$x_{10} = 84.37$	天然气单位转换	$-x_1 + 1.266x_2 = 0$
Sb 元素守恒	$x_{11} = 9.811$	烟气单位转换	$x_{22} - x_{23} - x_{24} - x_{25} - x_{26} - x_{27} - x_{28} = 0$
Bi 元素守恒	$x_{12} = 35.29$	物料-组分守恒	$x_3 - x_4 - x_5 - x_6 - x_7 - x_8 -$ $x_9 - x_{10} - x_{11} - x_{12} - x_{13} - x_{14} - x_{15} -$ $x_{16} - x_{17} - x_{18} - x_{19} - x_{20} = 0$
Ni 元素守恒	$x_{13} = 4.251$	烟气-组分守恒	$x_{21} - 0.5093x_{23} - 1.397x_{24} - 0.7454x_{25} -$ $0.8001x_{26} - 1.244x_{27} - 0.3499x_{28} = 0$
Co 元素守恒	$x_{14} = 0.3456$	燃料比约束	$x_1 = 260.3$
Cd 元素守恒	$x_{15} = 2.726×10^{-4}$	还原率约束	$-0.1735x_3 + 11.18x_6 = 0$
Cr 元素守恒	$x_{16} = 1.425×10^{-9}$	脱硫率约束	$-0.0065x_3 + 20.14x_5 = 0$
Sn 元素守恒	$x_{17} = 0.0231$	燃料残留率约束	$-0.2x_{21} + 1.397x_{24} + 0.7454x_{25} = 0$

5.3.3 计算结果

在以上铜阳极精炼过程计算条件下，采用所构建的热力学数模和计算系统，对该过程进行模拟计算，氧化期铜液、精炼渣、氧化期烟气和烟尘、还原期铜液、还原期烟气的组分计算结果，见表 5-8 ~ 表 5-13。模拟计算得到的氧化和还原期铜液、精炼渣主要元素含量以及杂质元素在产物中分配比结果与生产取样数据进行了对比，结果列于表 5-14 和表 5-15，热平衡计算结果见表 5-16 和表 5-17。

表 5-8 氧化期铜液计算结果

质量/t	质量分数/%							
	Cu	Cu$_2$O	Cu$_2$S	FeS	Fe	PbO	Zn	As
	92.58	6.80	0.17	$3.37×10^{-4}$	$1.49×10^{-3}$	$1.77×10^{-1}$	$1.16×10^{-3}$	$1.48×10^{-1}$
	As$_2$O$_5$	Sb	Sb$_2$O$_5$	Bi	BiO	Ni	NiO	Co
57.08	$2.12×10^{-15}$	$1.72×10^{-2}$	$2.06×10^{-15}$	$1.50×10^{-2}$	$5.04×10^{-2}$	$2.81×10^{-3}$	$5.90×10^{-3}$	$6.05×10^{-4}$
	Cd	Cr	Sn	Au	Ag	其他		
	$4.78×10^{-7}$	$2.50×10^{-12}$	$4.04×10^{-5}$	$1.09×10^{-3}$	$2.28×10^{-2}$	$1.24×10^{-3}$		

表 5-9 精炼渣计算结果

质量/t	质量分数/%								
	Cu_2O	FeO	SiO_2	CaO	MgO	Al_2O_3	PbO	ZnO	As_2O_3
0.40	36.12	25.39	22.62	1.22	$2.57×10^{-2}$	$8.87×10^{-3}$	2.85	$1.94×10^{-1}$	$1.30×10^{-1}$
	Sb_2O_3	Bi_2O_3	NiO	CoO	CdO	Cr_2O_3	SnO	其他	
	$3.87×10^{-2}$	$1.75×10^{-1}$	$3.06×10^{-2}$	1.33	$1.58×10^{-2}$	$3.48×10^{-5}$	1.15	8.70	

表 5-10 氧化期烟气计算结果

质量/t	体积分数/%									
	SO_2	O_2	N_2	PbO	ZnO	As_2O_3	Sb_2O_3	Bi_2O_3	Cr_2O_3	SnO	H_2O
1.43	6.08	$1.67×10^{-4}$	93.89	$1.71×10^{-3}$	$7.32×10^{-8}$	$1.02×10^{-9}$	$2.78×10^{-6}$	$9.84×10^{-13}$	$4.31×10^{-19}$	$8.40×10^{-7}$	$3.23×10^{-2}$

表 5-11 氧化期烟尘计算结果

质量/t	质量分数/%								
	Cu_2O	FeO	SiO_2	CaO	MgO	Al_2O_3	PbO	ZnO	As_2O_3
0.0004	26.57	14.29	12.57	0.68	0.01	0.00	15.68	0.22	15.59
	Sb_2O_3	Bi_2O_3	NiO	CoO	CdO	Cr_2O_3	SnO	其他	
	1.66	5.58	0.77	0.80	$8.80×10^{-3}$	$1.94×10^{-5}$	0.64	4.94	

表 5-12 还原期铜液计算结果

质量/t	质量分数/%								
	Cu	Cu_2S	Cu_2O	Fe	Pb	Zn	As	Sb	Bi
56.72	97.99	0.03	1.55	$1.72×10^{-3}$	$1.65×10^{-1}$	$1.17×10^{-3}$	$1.49×10^{-1}$	$1.73×10^{-2}$	$6.22×10^{-2}$
	Ni	Co	Cd	Cr	Sn	Au	Ag	其他	
	$7.50×10^{-3}$	$6.09×10^{-4}$	$4.81×10^{-7}$	$2.51×10^{-12}$	$4.07×10^{-5}$	$1.09×10^{-3}$	$2.29×10^{-2}$	$1.25×10^{-3}$	

表 5-13 还原期烟气计算结果

质量/t	体积分数/%					
	CO_2	CH_4	C_2H_6	N_2	H_2O	SO_2
0.57	22.44	4.23	15.77	0.55	54.61	2.41

表 5-14　产物主要元素含量与生产数据对比

类型	相	Cu/%	S/%	O/%	Pb/%	Zn/%	As/%	Sb/%	Bi/%
生产数据	氧化期铜液	98.90	0.0294	0.5256	0.1702	0.0013	0.1914	0.0138	0.0521
模拟结果		98.76	0.0351	0.7776	0.1643	0.0012	0.1478	0.0172	0.0618
生产数据	还原期铜液	99.23	0.0062	0.1755	0.2031	0.0016	0.1819	0.0143	0.0531
模拟结果		99.39	0.0065	0.1735	0.1653	0.0012	0.1487	0.0173	0.0622
类型	相	Cu/%	Fe/%	O/%	Pb/%	Zn/%	As/%	Sb/%	Bi/%
生产数据	精炼渣	33.50	—	—	2.8213	0.1702	0.1192	0.0243	0.1322
模拟结果		31.93	19.49	22.71	2.6486	0.1561	0.0982	0.0324	0.1571

表 5-15　杂质元素在氧化期铜液与精炼渣中的分配比

类型	分配比 $L_e^{\text{cl/sl}}$（e 杂质元素在铜液和精炼渣质量分数之比）				
	Pb	Zn	As	Sb	Bi
生产数据	0.0603	0.0078	1.6052	0.5691	0.3939
模拟结果	0.0620	0.0074	1.5050	0.5310	0.3936

表 5-16　阳极精炼氧化期热平衡计算结果

热 收 入					热 支 出				
热类型	物料	温度/℃	热量/MJ·h⁻¹	占比/%	热类型	物料	温度/℃	热量/MJ·h⁻¹	占比/%
物理热	粗铜	1166	40730.96	100.00	物理热	氧化期铜液	1180	34838.14	85.53
	熔剂	25	0.00	0.00		精炼渣	1200	431.53	1.06
	空气	25	0.00	0.00		烟气	1230	1891.47	4.64
						烟尘	1230	0.22	0.00
化学热		25			化学热		25	3300.77	8.10
					自然散热		60	268.83	0.66
合计			40730.96	100.00	合计			40730.96	100.00

表 5-17　阳极精炼热还原期平衡计算结果

热 收 入					热 支 出				
热类型	物料	温度/℃	热量/MJ·h⁻¹	占比/%	热类型	物料	温度/℃	热量/MJ·h⁻¹	占比/%
物理热	氧化铜液	1180	34838.14	95.32	物理热	还原期铜液	1210	34862.12	95.38
	天然气	25	0.00	0.00		烟气	1240	1419.23	3.88

热 收 入					热 支 出				
热类型	物料	温度/℃	热量 /MJ·h⁻¹	占比/%	热类型	物料	温度/℃	热量 /MJ·h⁻¹	占比/%
化学热		25	981.04	2.68	化学热		25		
燃烧供热			731.00	2.00	自然散热		60	268.83	0.74
合计			36550.18	100.00	合计			36550.18	100.00

由表 5-14 和表 5-15 结果可知，氧化期铜液中 Cu、S、O 元素含量的计算相对误差分别为 0.14%、19.29% 和 47.94%，还原期铜液中 Cu、S、O 元素含量的计算相对误差分别为 0.16%、5.47% 和 1.15%，精炼渣含 Cu 计算误差为 4.69%。在铜液和精炼渣中主要杂质元素含量计算值与生产取样分析数据有一定误差，这可能是由仪器分析误差引起的。然而，经对比分析发现，Pb、Zn、As、Sb 和 Bi 等主要杂质元素在氧化期铜液与粗铜中的分配比计算结果与生产数据误差分别仅为 2.82%、4.94%、6.24%、6.69% 和 0.07%，这表明模拟计算得到的杂质元素在铜液和精炼渣的分配行为规律与生产实践基本一致。

可见，所建立的数学模型能较好地反映铜阳极精炼过程热力学反应机理和特性，可作为后续揭示该过程物料演变和元素分配行为规律的分析工具。

5.4 工艺参数对产物演变的影响

基于 5.2 节和 5.3 节所研发的铜阳极精炼过程热力学数学模型及计算系统，在粗铜 57.20t/h 和 5.3.1 节投入物料成分等条件下，重点考察了阳极精炼氧化期的气料比 R_{GF}、石英熔剂率 w_{Flux}、精炼温度 T 等操作工艺和控制参数对氧化期产物主要组分活度与含量等的影响，为揭示铜阳极精炼过程物料演变行为和优化工艺参数提供理论指导，为后续全流程建模和模拟奠定基础。因为阳极精炼还原期的主要作用是进一步脱氧，其对整个阳极精炼过程的物料演变和杂质行为影响较小，因此，本书暂未考察该周期内相关工艺参数的影响。

5.4.1 气料比

在石英熔剂率 0.16% 和精炼温度 1180℃ 条件下，考察了气料比 R_{GF} 在 10 ~ 40m³/t 范围内变化，对物料演变和产物组成的影响，计算结果如图 5-2 ~ 图 5-7 所示。

5.4.1.1　对氧化期铜液主要组分活度与元素含量的影响

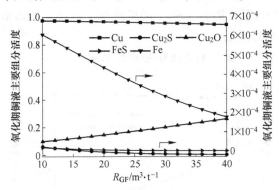

图 5-2　R_{GF} 对铜液主要组分活度的影响

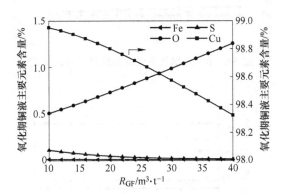

图 5-3　R_{GF} 对铜液主要元素含量的影响

图 5-2 和图 5-3 结果表明，随 R_{GF} 增加，阳极炉内氧势增强，铜液中 Cu_2S、FeS 和 Fe 分别被氧化成 Cu_2O、FeO 或 Fe_3O_4，导致 Cu_2S、FeS 和 Fe 活度降低，Cu_2O 活度和含量增加，铜液 Cu 品位下降，铜液含 S 降低，铜液含 O 量升高。

5.4.1.2　对精炼渣主要组分含量的影响

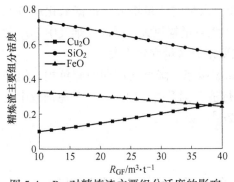

图 5-4　R_{GF} 对精炼渣主要组分活度的影响

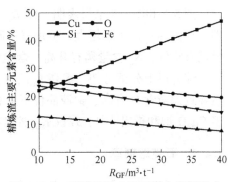

图 5-5　R_{GF} 对精炼渣主要元素含量的影响

图5-4和图5-5结果表明，随R_{GF}增加，炉内造渣趋势有所增强，精炼渣中Cu_2O活度升高，FeO活度降低，SiO_2活度降低。因此，精炼渣含铜升高，精炼渣含O、Si和Fe相对降低。

5.4.1.3 对烟气和烟尘主要组分含量的影响

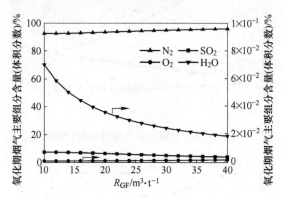

图5-6　R_{GF}对烟气主要组分质量分数的影响

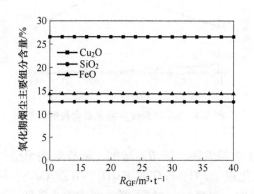

图5-7　R_{GF}对烟尘主要组分含量的影响

图5-6和图5-7结果表明，随R_{GF}增加，入炉空气量增大，根据氧化反应原理，炉内SO_2产出量增大，但烟气量同样增大且增幅更大，因此，烟气中SO_2含量稍有降低，N_2含量稍有升高；烟尘中主要组分含量变化不大。

综合以上分析可知，提高R_{GF}，可提高脱硫率、降低还原期脱硫负担，但必然导致铜液含O升高、铜液品位下降和精炼渣含铜升高。因此，为避免铜液中过多Cu_2O饱和析出[114]，建议R_{GF}控制在22m³/t以下。

5.4.2 石英熔剂率

在气料比22m³/t和精炼铜温1180℃条件下，考察了石英熔剂率w_{Flux}在

0.02%~0.32%范围内变化，对物料演变和产物组成的影响，计算结果如图5-8~图5-13所示。

5.4.2.1 对氧化期铜液主要组分活度与元素含量的影响

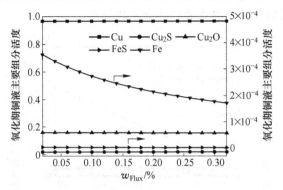

图5-8 w_{Flux}对铜液主要组分活度的影响

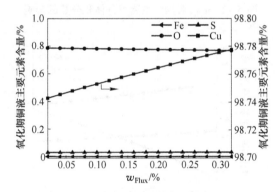

图5-9 w_{Flux}对铜液主要元素含量的影响

图5-8和图5-9数据表明，提高w_{Flux}对氧化期铜液各组分活度和含量影响不大。

5.4.2.2 对精炼渣主要组分含量的影响

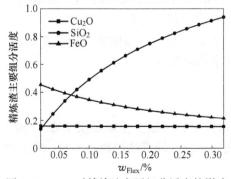

图5-10 w_{Flux}对精炼渣主要组分活度的影响

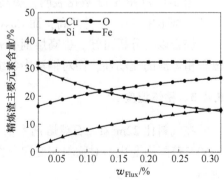

图5-11 w_{Flux}对精炼渣主要元素含量的影响

由图 5-10 和图 5-11 结果可知，随 w_{Flux} 增加，精炼渣中 SiO_2 活度快速升高，FeO 造渣趋势增强，使得 FeO 活度降低。因此，精炼渣含 Si 和 O 升高、含 Fe 降低。

5.4.2.3 对烟气和烟尘主要组分含量的影响

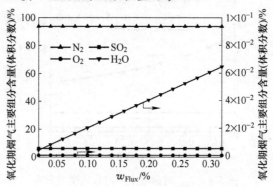

图 5-12　w_{Flux} 对烟气主要组分体积分数的影响

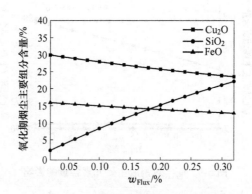

图 5-13　w_{Flux} 对烟尘主要组分含量的影响

图 5-12 和图 5-13 数据表明，提高 w_{Flux} 对烟气组分活度影响不大；因烟尘率不变，烟尘中 SiO_2 含量升高，而 Cu_2O 和 FeO 含量相对降低。

综合以上分析可知，提高熔剂率 w_{Flux}，有助于进一步脱除铜液中的少量铁、改善精炼渣的流动性，而对铜液中各组分含量的影响不大。

5.4.3　精炼温度

在气料比 $22m^3/t$，石英熔剂率 0.16% 条件下，考察了精炼温度 T 在 1150~1250℃ 范围内变化，对物料演变和产物组成的影响，计算结果如图 5-14~图 5-19 所示。

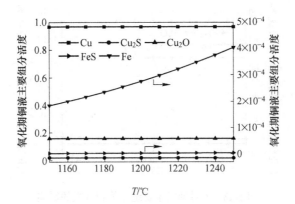

图 5-14 T 对铜液主要组分活度的影响

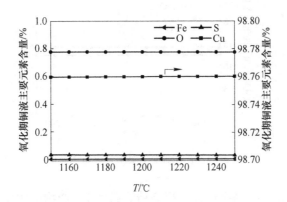

图 5-15 T 对铜液主要元素含量的影响

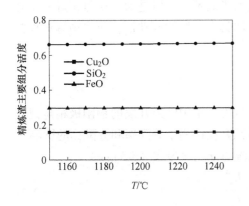

图 5-16 T 对精炼渣主要组分活度的影响

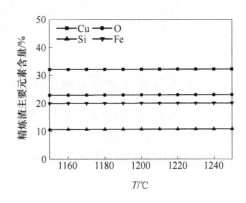

图 5-17 T 对精炼渣主要元素含量的影响

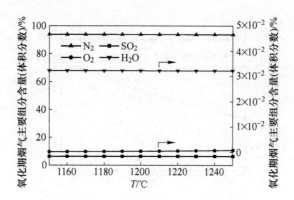

图 5-18 T 对烟气主要组分体积分数的影响

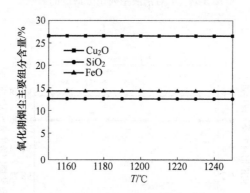

图 5-19 T 对烟尘主要组分含量的影响

由图 5-14~图 5-19 结果可知，提高精炼温度 T，产物中主要组分活度和含量变化不大。

以上分析表明，精炼温度对产物组成的影响不大，但是为了使得精炼温度在铜液和精炼渣熔点之上，从而保持炉内熔体具有较好的流动性，建议精炼温度控制在 1200℃ 左右。

5.5 工艺参数对杂质分配的影响

为系统研究铜阳极精炼氧化期的杂质行为，采用已经开发的铜阳极精炼过程热力学计算系统，考察了工艺参数对杂质元素在产物中分配率和分配比的影响。

定义 e 杂质元素在氧化期铜液和精炼渣的分配比为式（5-5）：

$$L_e^{cl/sl} = \frac{D_e^{cl}}{D_e^{sl}} \tag{5-5}$$

式中，下角 e 表示 Pb、Zn、As、Sb、Bi、Ni、Co、Cd、Cr、Sn 等元素；D_e^f 表示 e

杂质元素在 f 产物相中的分配率，上角 f 表示 cl(氧化期铜液)，sl(精炼渣)，gt(烟气烟尘)。

5.5.1　气料比

在与 5.4.1 节相同条件下，采用所构建的数模计算系统，考察了气料比 R_{GF} 在 10~40m³/t 范围变化时，对杂质元素在产物中的分配率和分配比等的影响，结果如图 5-20~图 5-23 所示。

5.5.1.1　对杂质元素在产物中分配率的影响

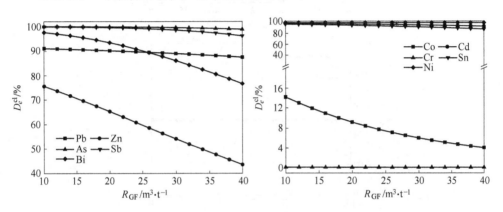

图 5-20　R_{GF} 对杂质元素在氧化期铜液中分配率的影响

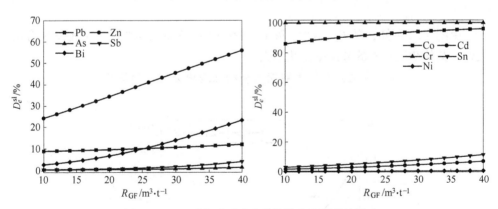

图 5-21　R_{GF} 对杂质元素在精炼渣中分配率的影响

由图 5-20 和图 5-21 结果可知，Pb、Zn、As、Sb、Bi、Ni、Cd 和 Sn 主要进入铜液，Co 和 Cr 主要在精炼渣富集；随 R_{GF} 增大，除 Zn、Bi 和 Co 在铜液中的分配率大幅降低，而在精炼渣中分配率大幅升高，其他各杂质元素在两相中分配率变化不明显。

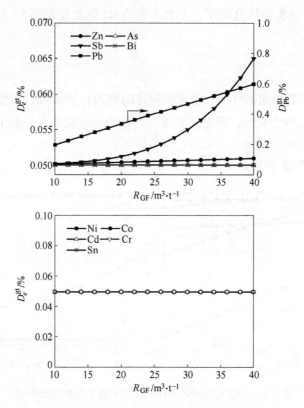

图 5-22 R_{GF} 对杂质元素在烟气烟尘中分配率的影响

由图 5-22 可知，随 R_{GF} 增大，除 Pb、Zn 和 Sb 在烟气烟尘中的分配率稍有增大外，其他杂质元素的分配率变化不大。

5.5.1.2 对杂质元素在氧化期铜液和精炼渣中分配比的影响

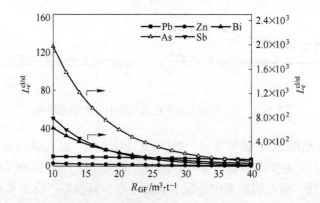

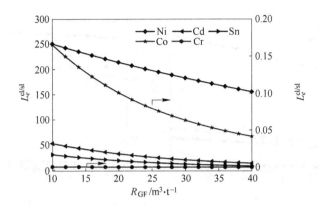

图 5-23　R_{GF} 对杂质元素在氧化期铜液与精炼渣中分配比的影响

由图 5-23 可知，提高 R_{GF}，As、Sb、Bi、Ni、Cd 和 Sn 在铜液和精炼渣中的分配比明显降低，但是仍然大于 1，而其他杂质元素的分配比较小且变化不大。可见，提高气料比，在一定程度上能够提高某些杂质的脱除效果。

综上所述，提高 R_{GF} 虽然有一定的除杂效果，但是由于精炼产渣量不大，除杂效果的作用有限。然而如 5.4.1 节分析，过高的 R_{GF} 会带来铜液含 O 升高、铜液品位下降和精炼渣含铜升高等问题。

5.5.2　石英熔剂率

在 5.4.2 节相同条件下，石英熔剂率 w_{Flux} 在 0.02%~0.32% 范围变化时，对杂质元素在产物中的分配率和分配比等的影响，结果如图 5-24~图 5-27 所示。

5.5.2.1　对杂质元素在产物中分配率的影响

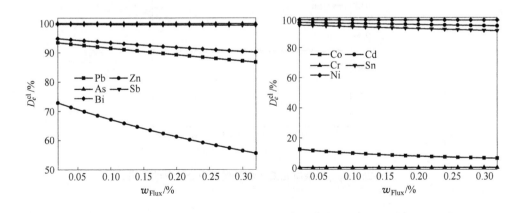

图 5-24　w_{Flux} 对杂质元素在氧化期铜液中分配率的影响

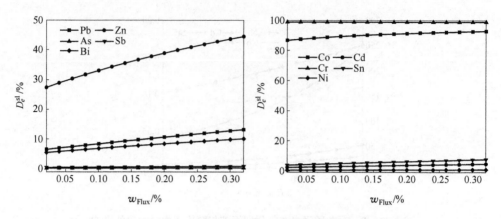

图 5-25 w_{Flux} 对杂质元素在精炼渣中分配率的影响

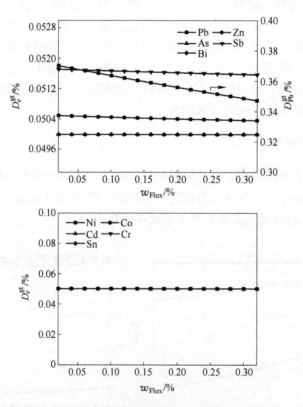

图 5-26 w_{Flux} 对杂质元素在烟气烟尘中分配率的影响

由图 5-24~图 5-26 数据和曲线结果可知，随 w_{Flux} 增加，Pb、Zn、Bi 和 Co 在铜液分配率明显降低，在精炼渣中与之相反，其他杂质元素在氧化期铜液和精炼渣中的分配率变化不大；烟尘中各杂质元素的分配率较小且变化不明显。

5.5.2.2 对杂质元素在氧化期铜液和精炼渣中分配比的影响

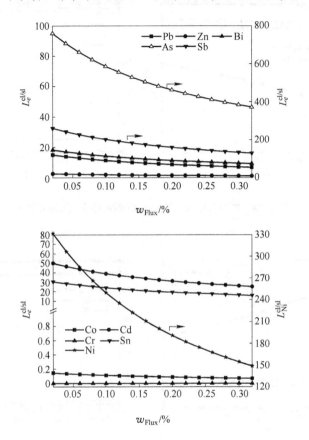

图 5-27 w_{Flux} 对杂质元素在氧化期铜液和精炼渣中分配比的影响

由图 5-27 可知，随 w_{Flux} 增大，Pb、As、Sb、Bi、Ni、Cd 和 Sn 在铜液和精炼渣中的分配比明显降低，但仍然主要分布在铜液中，其他杂质元素变化不大。

由以上分析可知，提高 w_{Flux}，虽然有一定的除杂效果，但由于精炼渣量较小，脱除能力有限。综合考虑除杂效果和原料成本，建议熔剂率 w_{Flux} 控制在 0.16% 左右。

5.5.3 精炼温度

在 5.4.3 节相同条件下，精炼温度 T 在 1150~1250℃ 范围变化时，对杂质元素在产物中的分配率和分配比等的影响，计算结果如图 5-28~图 5-31 所示。

5.5.3.1   对杂质元素在产物中分配率的影响

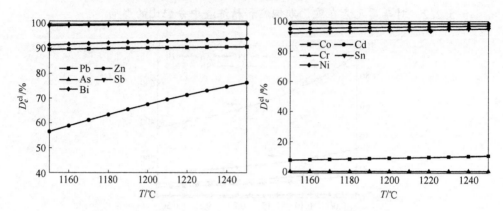

图 5-28 T 对杂质元素在氧化期铜液中分配率的影响

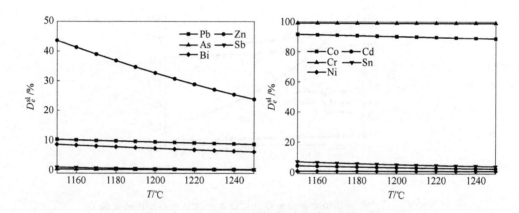

图 5-29 T 对杂质元素在精炼渣中分配率的影响

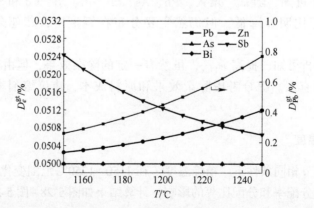

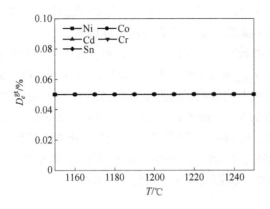

图 5-30 T 对杂质元素在烟气烟尘中分配率的影响

图 5-28~图 5-30 结果表明，随 T 增大，除 Zn 外，其他杂质元素在产物中的分配率变化不大。

5.5.3.2 对杂质元素在铜液和精炼渣中分配比的影响

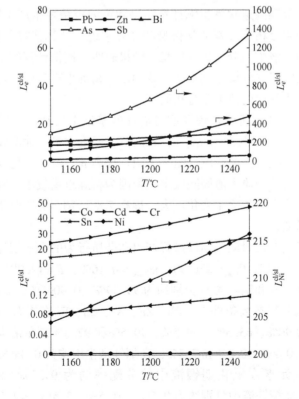

图 5-31 T 对杂质元素在氧化期铜液和精炼渣中分配比的影响

由图 5-31 可知，提高 T，除 Pb、Zn、Bi 和 Cr 在铜液与精炼渣中的分配比变化不大外，其他杂质元素的分配比均有不同程度增大。

综合本节中工艺参数对杂质分配行为的影响，在 5.4 节分析得到的较优工艺参数（$R_{GF} = 22m^3/t$，$w_{Flux} = 0.16\%$，$T = 1200℃$）条件下，Pb、Zn、As、Sb、Bi 有害杂质在氧化期铜液中的分配率约为 90%、63.5%、99.5%、99.5% 和 92.5%，在精炼渣中分别约为 9.5%、36.5%、0.2%、0.5% 和 7.5%，在烟气烟尘中均为 0.05%；Ni、Co、Cd、Cr 和 Sn 等伴生元素在氧化期铜液中的分配率约为 99.5%、8.5%、96.5%、0.05% 和 95%，在精炼渣中分别约为 0.5%、91.5%、3.5%、99.5% 和 5.5%，在烟气烟尘中均约为 0.05%。

5.6　本章小结

本章以铜阳极精炼过程为研究对象，采用化学平衡常数法和物料平衡原理等，研发了铜阳极精炼过程数学模型和计算系统，并采用数学模型考察了工艺参数对产物主要组分活度与元素含量、杂质分配行为等的影响，得到了一些具有指导意义的结果。

(1) 以第 4 章铜闪速吹炼粗铜计算结果和铜阳极精炼生产工况为计算条件，采用所构建的铜阳极精炼过程数学模型和计算系统，计算获得了精炼产物组成、杂质在精炼渣和铜液中的分配比等信息。结果表明，模拟计算结果与工业生产数据吻合较好，说明建立的模型基本能反映铜阳极精炼生产实践，可用于该过程物料演变与杂质行为规律的热力学分析研究。

(2) 在实例验证了所建精炼模型可靠性的基础上，利用该模型重点考察了气料比（R_{GF}）、石英熔剂率（w_{Flux}）、氧化精炼温度（T）对阳极氧化精炼过程物料演变和杂质分配行为的影响。结果表明：提高 R_{GF} 和 w_{Flux} 可在一定程度上改变精炼渣组成、改善杂质入渣脱除效果，但因为精炼渣量较小，除 Co 和 Cr 外其他杂质元素的实际入渣脱除率变化不大，提高 T 对产物组分影响不大，但会导致杂质脱除效果降低。

(3) 综合工艺参数对阳极精炼过程产出和杂质行为的影响规律，热力学分析得到的较优工艺参数为 $R_{GF} = 22m^3/t$，$w_{Flux} = 0.16\%$，$T = 1200℃$，在此条件下，铜液品位、铜液含 S 和铜液含 O 分别约为 99.39%、0.0065%、0.17%。

(4) 在较优工艺参数条件下，Pb、Zn、As、Sb、Bi 有害杂质在氧化期铜液中的分配率约为 90%、63.5%、99.5%、99.5% 和 92.5%，在精炼渣中分别约为 9.5%、36.5%、0.2%、0.5% 和 7.5%，在烟气烟尘中均为 0.05%；Ni、Co、Cd、Cr 和 Sn 等伴生元素在氧化期铜液中的分配率约为 99.5%、8.5%、96.5%、0.05% 和 95%，在精炼渣中分别约为 0.5%、91.5%、3.5%、99.5% 和 5.5%，在烟气烟尘中均约为 0.05%。

参 考 文 献

[1] 汪金良. 重金属短流程冶金炉渣活度研究与过程数值模拟 [D]. 长沙：中南大学，2009.

[2] 宋修明，陈卓. 闪速炼铜过程研究 [M]. 北京：冶金工业出版社，2012：280-286.

[3] 中商产业研究院. 2016 年中国铜业行业研究分析报告 [R]. 2016.

[4] 潘亮. 江西铜产业的发展战略研究 [D]. 南昌：南昌大学，2014.

[5] 任鸿九，王立川. 有色金属提取冶金手册（铜镍卷）[M]. 北京：冶金工业出版社，2000：21-24.

[6] 余亮良，施群，袁剑平. "双闪" 铜冶炼工艺研究进展 [J]. 有色冶金设计与研究，2013（1）：14-16.

[7] 衷水平，陈杭，林泓富，等. 我国铜熔炼工艺简析 [J]. 有色金属（冶炼部分），2017（11）：1-8.

[8] 周松林，葛哲令. 中国铜冶炼技术进步与发展趋势 [J]. 中国有色冶金，2014（5）：8-12.

[9] 彭容秋. 铜冶金 [M]. 长沙：中南大学出版社，2004：26-63.

[10] 刘建军. 铜闪速熔炼工艺 [J]. 铜业工程，2011（3）：25-28.

[11] 颜杰. 中国铜冶炼技术百花齐放 [N]. 中国有色金属报，2015-01-10（6）.

[12] 王树清. 铜冶炼工艺与冶金炉综述 [J]. 有色设备，2015（4）：4-10.

[13] 李卫民. 奥托昆普粗铜闪速熔炼工艺 [J]. 中国有色冶金，2010（3）：1-6.

[14] 翟秀静. 重金属冶金学 [M]. 北京：冶金工业出版社，2011：10-11.

[15] 汪金良，张传福，张文海. Fe_3O_4 在铜闪速炉反应塔中的形成热力学 [J]. 中南大学学报（自然科学版），2013，44（12）：4787-4792.

[16] 尧颖瑾. 铜闪速炉下料偏析模型实验研究 [D]. 长沙：中南大学，2010.

[17] 梁礼渭. 闪速炉无砖反应塔内壁挂渣物化性能研究 [D]. 赣州：江西理工大学，2011.

[18] Fiscor S. Outokumpu technology makes process improvements possible [J]. E & Mj Engineering & Mining Journal, 2004, 205（9）：43-45.

[19] 周松林. 闪速熔炼——清洁高效的炼铜工艺 [J]. 中国工程科学，2001，3（10）：86-89.

[20] 李卫民. 铜吹炼技术的进展 [J]. 云南冶金，2008，37（5）：24-28.

[21] 孙来胜，柴满林，孟凡伟. 铜陵有色 "双闪" 铜冶炼工艺生产实践 [J]. 有色金属（冶炼部分），2015（9）：10-14.

[22] 周松林. 祥光 "双闪" 铜冶炼工艺及生产实践 [J]. 有色金属（冶炼部分），2009（2）：11-15.

[23] 李明周，周子民，张文海，等. 铜闪速吹炼过程杂质元素分配行为的热力学分析 [J]. 中国有色金属学报，2017，27（9）：1951-1959.

[24] 周松林. 无氧化无还原火法精炼铜工艺 [R]. 中国：2008-12-03.

[25] 阳谷祥光铜业有限公司. 超高电流密度电解或电积槽 [R]. 中国：2015-11-25.

[26] Kemori N, Denholm W T, Kurokawa H. Reaction mechanism in a copper flash smelting furnace [J]. Metallurgical Transactions B, 1989, 20（3）：327-336.

[27] Kemori N, Shibata Y, Fukushima K. Thermodynamic consideration for oxygen pressure in a

copper flash smelting furnace at Toyo Smelter [J]. JOM, 1985, 37 (5): 24-29.

[28] Iliev Peter, Stefanova Vladislava, Shentov Dimiter, et al. Thermodynamic analysis of the sulphatization processes taking place in a dust-gas flow from flash smelting furnace [J]. Journal of Chemical Technology & Metallurgy, 2016, 51 (3): 335-340.

[29] Swinbourne D R, Kho T S. Computational thermodynamics modeling of minor element distributions during copper flash converting [J]. Metallurgical & Materials Transactions B, 2012, 43 (4): 823-829.

[30] Chaubal P C, Sohn H Y, George D B, et al. Mathematical modeling of minor-element behavior in flash smelting of copper concentrates and flash converting of copper mattes [J]. Metallurgical Transactions B, 1989, 20 (1): 39-51.

[31] Park Moon Gyung, Takeda Yoichi, Yazawa Akira. Equilibrium relations between liquid copper, matte and calcium ferrite slag at 1523 K [J]. Materials Transactions Jim, 2007, 25 (10): 710-715.

[32] Arabsolghar A, Abdolzadeh Morteza. Thermochemical simulation of flash smelting furnace [J]. Archive Proceedings of the Institution of Mechanical Engineers Part E: Journal of Process Mechanical Engineering, 2015, 229 (1): 611-625.

[33] Sohn H Y, Chaubal P C. The ignition and combustion of chalcopyrite concentrate particles under suspension-smelting conditions [J]. Metallurgical Transactions B, 1993, 24 (6): 975-985.

[34] Burger Emilien, Bourgarit David, Frotté Vincent, et al. Kinetics of iron-copper sulphides oxidation in relation to protohistoric copper smelting [J]. Journal of Thermal Analysis & Calorimetry, 2011, 103 (1): 249-256.

[35] Asaki Zenjiro. Kinetic studies of copper flash smelting furnace and improvements of its operation in the smelters in Japan [J]. Mineral Processing & Extractive Metallurgy Review, 1992, 11 (11): 163-185.

[36] Taskinen P, Kaskiala M, Hietanen P, et al. Microstructure and formation kinetics of a freeze lining in an industrial copper FSF slag [J]. Mineral Processing & Extractive Metallurgy, 2013, 120 (3): 147-155.

[37] Kim Y H. Studies of the rate phenomena in particulate flash reaction systems: Oxidation of metal sulfides [D]. New York: Columbia University, 1987.

[38] Alyaser A H, Brimacombe J K. Oxidation kinetics of molten copper sulfide [J]. Metallurgical & Materials Transactions B, 1995, 26 (1): 25-40.

[39] Jokilaakso Ari, Ahokainen Tapio, Teppo Osmo, et al. Experimental and Computational-fluid-dynamics simulation of the outokumpu flash smelting process [J]. Mineral Processing & Extractive Metallurgy Review, 2007, 15 (1-4): 217-234.

[40] Yang Yongxiang, Akatemia Teknillisten-Tieteiden, Korkeakoulu Teknillinen. Computer simulation of gas flow and heat transfer in waste-heat boilers of the outokumpu copper flash smelting process [J]. Acta Polytechnica Scandinavica Chemical Technology, 1996, 101 (242): 1-135.

[41] Ahokainen T, Jokilaakso A. Numerical simulation of the outokumpu flash smelting furnace

reaction shaft［J］. Canadian Metallurgical Quarterly, 2014, 37 (3-4): 275-283.

［42］陈卓, 王云霄, 宋修明, 等. 高投料量下炼铜闪速炉内熔炼过程的数值模拟［J］. 中国有色金属学报, 2011, 21 (11): 2916-2921.

［43］黄金堤. 铜闪速吹炼过程仿真研究［D］. 赣州: 江西理工大学, 2011.

［44］Perez Tello Manuel, Sohn Hongyong, Marie Kirsi St. , et al. Experimental investigation and three-dimensional computational fluid-dynamics modeling of the flash-converting furnace shaft: Part Ⅰ. Experimental observation of copper converting reactions in terms of converting rate, converting quality, changes in partic［J］. Metallurgical & Materials Transactions B, 2001, 32 (5): 847-868.

［45］Perez Tello Manuel, Sohn Hong Yong, Smith Philip John. Experimental investigation and three-dimensional computational fluid-dynamics modeling of the flash-converting furnace shaft: Part Ⅱ. Formulation of three-dimensional computational fluid-dynamics model incorporating the particle-cloud description［J］. Metallurgical & Materials Transactions B, 2001, 32 (5): 869-886.

［46］Solnordal Christopher B, Jorgensen Frank R A, Koh Peter T L, et al. CFD modelling of the flow and reactions in the Olympic Dam flash furnace smelter reaction shaft［J］. Applied Mathematical Modelling, 2006, 30 (11): 1310-1325.

［47］李欣峰. 炼铜闪速炉熔炼过程的数值分析与优化［D］. 长沙: 中南大学, 2001.

［48］Ilyushechkin A, Hayes P C, Jak E. Liquidus temperatures in calcium ferrite slags in equilibrium with molten copper［J］. Metallurgical & Materials Transactions B, 2004, 35 (2): 203-215.

［49］Sakai T, Ip S W, Toguri J M. Interfacial phenomena in the liquid copper-calcium ferrite slag system［J］. Metallurgical & Materials Transactions B, 1997, 28 (3): 401-407.

［50］Stanko Nikolic, Hayes Peter C, Jak Evgueni. Phase equilibria in ferrous calcium silicate slags: Part Ⅰ. Intermediate oxygen partial pressures in the temperature range 1200℃ to 1350℃［J］. Metallurgical & Materials Transactions B, 2008, 39 (2): 179-188.

［51］Stanko Nikolic, Henao Hector, Hayes Peter C, et al. Phase equilibria in ferrous calcium silicate slags: Part Ⅱ. Evaluation of experimental data and computer thermodynamic models［J］. Metallurgical & Materials Transactions B, 2008, 39 (2): 189-199.

［52］Stanko Nikolic, Hayes Peter C, Jak Evgueni. Phase equilibria in ferrous calcium silicate slags: Part Ⅲ. Copper-saturated slag at 1250℃ and 1300℃ at an oxygen partial pressure of 10^{-6} atm ［J］. Metallurgical & Materials Transactions B, 2008, 39 (2): 200-209.

［53］Stanko Nikolic, Hayes Peter C, Jak Evgueni. Phase equilibria in ferrous calcium silicate slags: Part Ⅳ. Liquidus temperatures and solubility of copper in "Cu_2O" -FeO-Fe_2O_3-CaO-SiO_2 slags at 1250℃ and 1300℃ at an oxygen partial pressure of 10^{-6} atm［J］. Metallurgical & Materials Transactions B, 2008, 39 (2): 210-217.

［54］Henao Hector M, Nexhip Colin, George-Kennedy David P, et al. Investigation of liquidus temperatures and phase equilibria of copper smelting slags in the FeO-Fe_2O_3-SiO_2-CaO-MgO-Al_2O_3 system at PO_2 10^{-8} atm［J］. Metallurgical & Materials Transactions B, 2010, 41 (4):

767-779.

[55] Stanisławczyk A, Kusiak J. Neural network modelling of the gas phase of a copper flash smelting process [J]. Computer Methods in Materials Science, 2009：9374-9378.

[56] 汪金良, 卢宏, 曾青云, 等. 基于遗传算法的铜闪速熔炼过程控制优化 [J]. 中国有色金属学报, 2007, 17（1）：156-160.

[57] 曾青云, 汪金良, 张传福. 基于自适应模糊神经网络的铜闪速熔炼渣含 Fe/SiO$_2$ 模型研究 [J]. 有色金属科学与工程, 2011, 2（1）：5-8.

[58] 喻寿益, 王吉林, 彭晓波. 基于神经网络的铜闪速熔炼过程工艺参数预测模型 [J]. 中南大学学报（自然科学版）, 2007, 38（3）：523-527.

[59] 吴卫国. 铜闪速熔炼多相平衡数模研究与系统开发 [D]. 赣州：江西理工大学, 2007.

[60] Blackett N M. Physical Chemistry：An advanced treatise -physical chemistry：An advanced treatise [M]. Elsevier/Academic Press, 2013：973.

[61] Tan Pengfu, Neuschütz Dieter. A thermodynamic model of nickel smelting and direct high-grade nickel matte smelting processes：Part Ⅰ. Model development and validation [J]. Metallurgical and Materials Transactions B, 2001, 32（2）：341-351.

[62] 谭鹏夫, 张传福, 李作刚, 等. 在铜熔炼过程中第 VA 族元素分配行为的计算机模型 [J]. 中南大学学报（自然科学版）, 1995, 26（4）：479-483.

[63] Shabbar Syed, Janajreh Isam. Thermodynamic equilibrium analysis of coal gasification using Gibbs energy minimization method [J]. Energy Conversion & Management, 2013, 65（1）：755-763.

[64] Najafabadi R, Srolovitz D J. Evaluation of the accuracy of the free-energy-minimization method. [J]. Physical Review B Condensed Matter, 1995, 52（13）：9229-9241.

[65] 李明周, 周孑民, 张文海, 等. 铜闪速吹炼过程多相平衡热力学分析 [J]. 中国有色金属学报, 2017, 27（7）：1493-1503.

[66] 过明道, 李天祥, 叶桃红, 等. 系统平衡分析的元素势法 [J]. 中国科学技术大学学报, 1997, 27（1）：88-93.

[67] 汪金良, 童长仁, 张传福, 等. 多相平衡计算的元素势法及其应用 [J]. 中国有色金属学报, 2008, 18（e1）：219-222.

[68] 童长仁, 刘道斌, 杨凤丽, 等. 基于元素势的多相平衡计算及在铜冶炼中的应用 [J]. 过程工程学报, 2008, 8（s1）：45-48.

[69] 万琦, 张尊华, 周梦妮, 等. 燃烧系统中基于元素势能法的化学平衡计算 [J]. 武汉理工大学学报, 2016, 38（5）：40-43.

[70] Néron A, Lantagne G, Marcos B. Computation of complex and constrained equilibria by minimization of the Gibbs free energy [J]. Chemical Engineering Science, 2012, 82260-82271.

[71] Wang Jin Liang, Chen Ya Zhou, Zhang Wen Hai, et al. Furnace structure analysis for copper flash continuous smelting based on numerical simulation [J]. Transactions of Nonferrous Metals Society of China, 2013, 23（12）：3799-3807.

[72] Gautam Rajeev, Seider Warren D. Computation of phase and chemical equilibrium: Part Ⅰ. Local and constrained minima in Gibbs free energy [J]. AIChE Journal, 1979, 25 (6): 991-999.

[73] Freitas Antonio C D, Guirardello Reginaldo. Comparison of several glycerol reforming methods for hydrogen and syngas production using Gibbs energy minimization [J]. International Journal of Hydrogen Energy, 2014, 39 (31): 17969-17984.

[74] 李明周, 童长仁, 汪金良, 等. 基于 Rand-MQC 耦合算法的高强度铜闪速熔炼多相平衡热力学分析 [J]. 有色金属 (冶炼部分), 2017 (2): 4-9.

[75] Powell H N, Sarnar S F. The use of element potential in analysis of chemical equilibrium [R]. New York: General Electric Company, 1959.

[76] Reynolds W C. The element potential method for chemical equilibrium analysis: Implementation in the interactive program Stanjan, Version 3 [R]. Standford: Stanford University, 1986.

[77] Outotec. HSC Chemistry. 2017.

[78] Agarwal A, Pad U. Influence of pellet composition and structure on carbothermic reduction of silica [J]. Metallurgical & Materials Transactions B, 1999, 30 (2): 295-306.

[79] 张淑会, 吕庆, 胡晓. 含砷铁矿石脱砷过程的热力学 [J]. 中国有色金属学报, 2011, 21 (7): 1705-1712.

[80] 卢红波. 红土镍矿电炉还原熔炼镍铁合金的热力学研究 [J]. 稀有金属, 2012, 36 (5): 785-790.

[81] Pickles C A. Thermodynamic analysis of the selective reduction of electric arc furnace dust by hydrogen [J]. Canadian Metallurgical Quarterly, 2007, 46 (2): 125-137.

[82] 兰臣臣, 张淑会, 吕庆, 等. 高炉内氯元素反应行为的热力学分析 [J]. 钢铁钒钛, 2016, 37 (4): 112-118.

[83] Stefanova V, Trifonov Y. Phase composition of spinel melts obtained during flash smelting of the mineral chalcopyrite [J]. Russian Journal of Non-Ferrous Metals, 2008, 49 (3): 148-155.

[84] CRCT. Software introduction. 2018.

[85] Bale C W, Chartrand P, Degterov S A, et al. FactSage thermochemical software and databases [J]. Calphad-computer Coupling of Phase Diagrams & Thermochemistry, 2002, 26 (2): 189-228.

[86] Jung In Ho, Zhu Zhijun, Kim Junghwan, et al. Recent progress on the factsage thermodynamic database for new Mg alloy development [J]. JOM, 2017, 69 (6): 1052-1059.

[87] Wu Yan, Matsuura Hiroyuki, Yuan Zhangfu, et al. Equilibrium between carbon and FeO-containing slag in CO-CO$_2$-H$_2$O atmosphere by FactSage calculation [J]. Steel Research International, 2016, 87 (11): 1552-1558.

[88] Schwitalla Daniel, Reinmöller Markus, Forman Clemens, et al. Ash and slag properties for co-gasification of sewage sludge and coal: An experimentally validated modeling approach [J]. Fuel Processing Technology, 2018, 1751-1759.

[89] Jin Zhenan, Yang Hongying, Lv Jianfang, et al. Effect of ZnO on viscosity and structure of

CaO-SiO$_2$-ZnO-FeO-Al$_2$O$_3$-Slags [J]. JOM, 2017, 1-7.

[90] Alex Kondratiev, Hayes Peter C, Jak Evgueni. Development of a quasi-chemical viscosity model for fully liquid slags in the Al$_2$O$_3$-CaO-'FeO'-MgO-SiO$_2$ system: The experimental data for the 'FeO'-MgO-SiO$_2$, CaO-' FeO'-MgO-SiO$_2$ and Al$_2$O$_3$-CaO-' FeO'-MgO-SiO$_2$ systems at iron saturation [J]. Isij International, 2008, 46 (3): 375-384.

[91] Muñoz Vanesa, Camelli Silvia, Martinez Analía-G-Tomba. Slag corrosion of alumina-magnesia-carbon refractory bricks: Experimental data and thermodynamic simulation [J]. Ceramics International, 2016, 43 (5): 4562-4569.

[92] Khaki Jalil-Vahdati, Shalchian Hossein, Rafsanjani-Abbasi Ali, et al. Recovery of iron from a high-sulfur and low-grade iron ore [J]. Thermochimica Acta, 2018, 662 (2): 47-54.

[93] 陈栋, 彭兵, 柴立元, 等. 铁酸锌选择性还原方法及其在锌焙砂处理中的应用 [J]. 中国有色金属学报, 2015, 25 (8): 2284-2292.

[94] 侯朋涛, 王丽君, 刘仕元, 等. K$_2$O 含量对 CaO-Al$_2$O$_3$-MgO-Fe$_x$O-SiO$_2$ 系熔体黏度及析出相的影响 [J]. 中国有色金属学报, 2017, 27 (9): 1929-1935.

[95] 张家靓, 张建坤, 胡军涛, 等. 铜冶炼烟气中单体硫生成影响因素的热力学分析 [J]. 中国有色金属学报, 2016, 26 (10): 2222-2229.

[96] Bo Sundman, Bo Jansson, Andersson Jan-Olof. The Thermo-Calc databank system [J]. Calphad-computer Coupling of Phase Diagrams & Thermochemistry, 1985, 9 (2): 153-190.

[97] A-B Thermo-Calc Software. Thermo-Calc. 2018.

[98] Bo Jansson, Jönsson Björn, Bo Sundman, et al. The thermo Calc project [J]. Thermochimica Acta, 1993, 214 (1): 93-96.

[99] Powell R, Holland T, Worley B. Calculating phase diagrams involving solid solutions via non-linear equations, with examples using Thermocalc [J]. Journal of Metamorphic Geology, 2010, 16 (4): 577-588.

[100] Andersson J O, Helander Thomas, Höglund Lars, et al. Thermo-Calc & DICTRA, computational tools for materials science [J]. Calphad-computer Coupling of Phase Diagrams & Thermochemistry, 2002, 26 (2): 273-312.

[101] Yamashita T, Okuda K, Obara T. Application of Thermo-Calc to the developments of high-performance steels [J]. Journal of Phase Equilibria, 1999, 20 (3): 231-237.

[102] 沙维. Thermo Calc 热力学计算系统及其在材料研究中的应用 [J]. 材料科学与工程学报, 1992 (2): 40-43.

[103] Kelsey D E, White R W, Powell R. Calculated phase equilibria in K$_2$O-FeO-MgO-Al$_2$O$_3$-SiO$_2$-H$_2$O for silica-undersaturated sapphirine-bearing mineral assemblages [J]. Journal of Metamorphic Geology, 2005, 23 (4): 217-239.

[104] 姚海南, 庞四褒, 高升, 等. Thermo-Calc 软件在二元体系相图中的应用研究 [J]. 物理通报, 2016, 35 (2): 14-17.

[105] 何燕霖, 李麟, 叶平, 等. Thermo-Calc 和 DICTRA 软件系统在高性能钢研制中的应用 [J]. 材料热处理学报, 2003, 24 (4): 73-77.

[106] 李明周, 童长仁, 黄金堤, 等. 基于 Metcal 的铜闪速熔炼-转炉吹炼工艺全流程模拟计算 [J]. 有色金属 (冶炼部分), 2015 (9): 20-25.

[107] Li Mingzhou, Zhou Jiemin, Tong Changren, et al. Mathematical model of whole-process calculation for bottom-blowing copper smelting [J]. Metallurgical Research & Technology, 2017, 115 (1): 107-123.

[108] 徐晓东, 苏勇, 黄鹤. 基于 Metcal 的铜富氧侧吹熔池熔炼炉工艺流程模拟计算 [J]. 有色金属 (冶炼部分), 2016 (6): 31-34.

[109] 张岭. 重金属固废资源化和能源化工艺计算 [J]. 世界有色金属, 2017 (5): 55.

[110] Gui Weihua, Yang Chunhua, Chen Xiaofang, et al. Modeling and optimization problems and challenges arising in nonferrous metallurgical processes [J]. Acta Automatica Sinica, 2013, 39 (3): 197-207.

[111] 张鉴. 冶金熔体的计算热力学 [M]. 北京: 冶金工业出版社, 1998: 1-7.

[112] 张鉴. 冶金熔体和溶液的计算热力学 [M]. 北京: 冶金工业出版社, 2007: 3-7.

[113] 顾恒星, 李辉, 陈华, 等. 基于 BP 神经网络的三元渣系活度预测模型 [J]. 硅酸盐通报, 2015, 34 (s1): 150-154.

[114] 朱祖泽, 贺家齐. 现代铜冶金学 [M]. 北京: 科学出版社, 2003: 23-33.

[115] 何焕华, 蔡乔方. 中国镍钴冶金 [M]. 北京: 冶金工业出版社, 2000.

[116] Pelton A D, Degterov S A, Eriksson G, et al. The modified quasichemical model I —binary solutions [J]. Metallurgical and Materials Transactions B, 2000, 31 (4): 651-659.

[117] Pelton Arthur D, Chartrand Patrice. The modified quasi-chemical model: Part II. Multicomponent solutions [J]. Metallurgical and Materials Transactions A, 2001, 32 (6): 1355-1360.

[118] Jak Evgueni, Degterov Sergei, Hayes Peter C, et al. Thermodynamic optimisation of the systems CaO-Pb-O and PbO-CaO-SiO$_2$ [J]. Canadian Metallurgical Quarterly, 1998, 37 (1): 41-47.

[119] Jung In-Ho, Kang Youn Bae, Decterov Sergei A, et al. Thermodynamic evaluation and optimization of the MnO-Al$_2$O$_3$ and MnO-Al$_2$O$_3$-SiO$_2$ systems and applications to inclusion engineering [J]. Metallurgical and Materials Transactions B, 2004, 35 (2): 259-268.

[120] Coursol Pascal, Pelton Arthur D, Zamalloa Manuel. Phase equilibria and thermodynamic properties of the Cu$_2$O-CaO-Na$_2$O system in equilibrium with copper [J]. Metallurgical and Materials Transactions B, 2003, 34 (5): 631-638.

[121] 侯明, 陶东平. 修正的似化学模型在 SiO$_2$-CaO-MnO 熔渣体系中的应用 [J]. 昆明理工大学学报: 理工版, 2010, 35 (4): 20-24.

[122] 汪金良, 童长仁, 张文海. FeO-Fe$_2$O$_3$-SiO$_2$ 渣系的作用浓度模型及其应用 [J]. 江西理工大学学报, 2008, 29 (6): 14-16.

[123] Wang Jinliang, Wen Xiaochun, Zhang Chuanfu. Thermodynamic model of lead oxide activity in PbO-CaO-SiO$_2$-FeO-Fe$_2$O$_3$ slag system [J]. Transactions of Nonferrous Metals Society of China, 2015, 25 (5): 1633-1639.

[124] 汪金良, 张传福, 张文海. CaO-Cu$_2$O-Fe$_2$O$_3$ 三元渣系组元活度计算模型 [J]. 中国有色金属学报, 2009, 19 (5): 955-959.

[125] 汪金良, 张传福, 童长仁, 等. CaO-FeO-Fe$_2$O$_3$-SiO$_2$-Cu$_2$O 渣系作用浓度计算模型 [J]. 中南大学学报: 自然科学版, 2009, 40 (2): 282-287.

[126] 黄金堤, 李亮星, 李明周, 等. 多元体系作用浓度通用计算模型研究 [J]. 中国有色冶金, 2013, 42 (4): 79-82.

[127] Chartrand Patrice, Pelton Arthur D. On the choice of "geometric" thermodynamic models [J]. Journal of Phase Equilibria, 2000, 21 (2): 141-147.

[128] Wu Ping. Optimization and calculation of thermodynamic properties and phase diagrams of multicomponent oxide systems [D]. Canada: Ecole Polytechnique, Montreal, 1992.

[129] Romero-Serrano Antonio, Pelton Arthur D. Extensions of a structural model for binary silicate systems [J]. Metallurgical and Materials Transactions B, 1995, 26 (2): 305-315.

[130] Wu Ping, Eriksson Gunnar, Pelton Arthur D, et al. Prediction of the thermodynamic properties and phase diagrams of silicate systems-evaluation of the FeO-MgO-SiO$_2$ system [J]. ISIJ international, 1993, 33 (1): 26-35.

[131] Degterov Sergei A, Pelton Arthur D, Jak Evgueni, et al. Experimental study of phase equilibria and thermodynamic optimization of the Fe-Zn-O system [J]. Metallurgical and Materials Transactions B, 2001, 32 (4): 643-657.

[132] Munro N D H, Themelis N J. Rate phenomena in a laboratory flash smelting reactor. Ontario, Canada, 1991: 475-494.

[133] Mäkinen Juho K, Jåfs Gustav A. Production of matte, white metal, and blister copper by flash furnace [J]. JOM, 1982, 34 (6): 54-59.

[134] 谭鹏夫, 张传福. 铜熔炼过程中伴生元素分配行为的计算机模型 [J]. 金属学报, 1997, 33 (10): 1094-1100.

[135] Shimpo R, Watanabe Y, Goto S, et al. An application of equilibrium calculations to the copper smelting operation [J]. Advances in Sulfide Smelting, 1983, 1295-1316.

[136] Shimpo Ryokichi, Goto Sakichi, Ogawa Osamu, et al. A study on the equilibrium between copper matte and slag [J]. Canadian Metallurgical Quarterly, 1986, 25 (2): 113-121.

[137] Nagamori M, Errington W J, Mackey P J, et al. Thermodynamic simulation model of the Isasmelt process for copper matte [J]. Metallurgical and Materials Transactions B, 1994, 25 (6): 839-853.

[138] Nagamori M, Mackey P J, Tarassoff P. Copper solubility in FeO-Fe$_2$O$_3$-SiO$_2$-Al$_2$O$_3$ slag and distribution equilibria of Pb, Bi, Sb and As between slag and metallic copper [J]. Metallurgical Transactions B, 1975, 6 (2): 295-301.

[139] Tan Pengfu, Zhang Chuanfu. Computer model of copper smelting process and distribution behaviors of accessory elements [J]. Journal of Central South University (English Edition), 1997, 4 (1): 36-41.

[140] Shuva M A H, Rhamdhani M A, Brooks G A, et al. Thermodynamics data of valuable

elements relevant to e-waste processing through primary and secondary copper production: a review [J]. Journal of Cleaner Production, 2016, 131 (10): 795-809.

[141] Sinha S N, Sohn H Y, Nagamori M. Distribution of gold and silver between copper and matte [J]. Metallurgical Transactions B, 1985, 16 (1): 53-59.

[142] Mackey P J. The physical chemistry of copper smelting slags—A review [J]. Canadian Metallurgical Quarterly, 2014, 21 (3): 221-260.

[143] 童长仁, 吴卫国, 周小雪. 铜闪速熔炼多相平衡数模的建立与应用 [J]. 有色冶金设计与研究, 2007, 27 (6): 6-9.

[144] 李明周, 童长仁, 黄金堤, 等. 基于自由能最小原理的铜精矿物相组成计算研究 [J]. 有色金属 (冶炼部分), 2018 (1): 11-15.

[145] Nagamori M, Mackey P J. Thermodynamics of copper matte converting: Part Ⅱ. Distribution of Au, Ag, Pb, Zn, Ni, Se, Te, Bi, Sb and As between copper, matte and slag in the noranda process [J]. Metallurgical Transactions B, 1978, 9 (4): 567-579.

[146] 周俊. 高强度闪速熔炼中的冶金过程研究 [D]. 长沙: 中南大学, 2016.

[147] Yazawa Akira. Thermodynamic considerations of copper smelting [J]. Canadian Metallurgical Quarterly, 1974, 13 (3): 443-453.

[148] Kaiura G H, Watanabe K, Yazawa A. The behaviour of lead in silica-saturated, copper smelting systems [J]. Canadian Metallurgical Quarterly, 1980, 19 (2): 191-200.

[149] Yazawa Akira. Distribution of various elements between copper, matte and slag [J]. Erzmetall, 1981, 33 (7-8): 377-382.

[150] Itagaki Kimio, Yazawa Akira. Thermodynamic evaluation of distribution behaviour of arsenic in copper smelting [J]. Transactions of the Japan Institute of Metals, 1982, 23 (12): 759-767.

[151] Takeda Yoichi, Ishiwata Shoji, Yazawa Akira. Distribution equilibria of minor elements between liquid copper and calcium ferrite slag [J]. Materials Transactions Jim, 2007, 24 (7): 518-528.

[152] Acuña César, Yazawa Akira. Behaviours of arsenic, antimony and lead in phase equilibria among copper, matte and calcium or barium ferrite slag [J]. Materials Transactions Jim, 2007, 28 (6): 498-506.

[153] Font J M, Hino M, Itagaki K. Phase equilibrium and minor-element distribution between NiS-FeS matte and calcium ferrite slag under high partial pressures of SO_2 [J]. Metallurgical & Materials Transactions B, 2000, 31 (6): 1231-1239.

[154] Font J M, Hino M, Itagaki K. Phase equilibrium and minor-element distribution between Ni_3S_2-FeS matte and calcium ferrite slag under high partial pressures of SO_2 [J]. Metallurgical & Materials Transactions B, 2001, 32 (2): 379.

[155] Nagamori M, Mackey P J, Tarassoff P. The distribution of As, Sb, Bi, Se, and Te between molten copper and white metal [J]. Metallurgical and Materials Transactions B, 1975, 6 (1): 197-198.

[156] Nagamori Mackey, Mackey P J. Distribution equilibria of Sn, Se and Te between FeO-Fe$_2$O$_3$-SiO$_2$-Al$_2$O$_3$-CuO$_{0.5}$ slag and metallic copper [J]. Metallurgical Transactions B, 1977, 8 (1): 39-46.

[157] Sinha S N, Sohn H Y, Nagamori M. Activity of SnS in copper-saturated matte [J]. Metallurgical and Materials Transactions B, 1984, 15 (3): 595-598.

[158] Sinha S N, Sohn H Y, Nagamori M. Distribution of lead between copper and matte and the activity of PbS in copper-saturated mattes [J]. Metallurgical Transactions B, 1984, 15 (3): 441-449.

[159] Seo K W, Sohn H Y. Mathematical modeling of sulfide flash smelting process: Part III. Volatilization of minor elements [J]. Metallurgical Transactions B, 1991, 22 (6): 791-799.

[160] Sohn H S, Fukunaka Y, Oishi T, et al. Kinetics of As, Sb, Bi and Pb volatilization from industrial copper matte during Ar+O$_2$ bubbling [J]. Metallurgical and Materials Transactions B, 2004, 35 (4): 651-661.

[161] Asteljoki J A, Bailey L K, George D B, et al. Flash converting—Continuous converting of copper mattes [J]. JOM, 1985, 37 (5): 20-23.

[162] 唐尊球. 铜 PS 转炉与闪速吹炼技术比较 [J]. 有色金属（冶炼部分），2003, 2003 (1): 9-11.

[163] 周俊. 闪速吹炼技术评述 [J]. 有色金属工程，2011, 1 (1): 30-36.

[164] 吴继烈. 冰铜闪速吹炼工艺评述 [J]. 有色金属（冶炼部分），2014, 6 (6): 34-39.

[165] 袁剑平. 闪速吹炼技术在祥光铜业的应用 [J]. 有色金属（冶炼部分），2007 (2): 40-42.

[166] 刘卫东. 闪速吹炼的生产实践 [J]. 有色金属（冶炼部分），2011, 2 (2): 12-15.

[167] Suominen R O, Jokilaakso A T, Taskinen P A, et al. Behaviour of copper mattes in simulated flash converting conditions [J]. Scandinavian Journal of Metallurgy, 1991, 20 (4): 245-250.

[168] Suominen Risto-Olavi, Jokilaakso Ari-Tapani, Taskinen Pekka-Antero, et al. Morphology and mineralogy of copper matte particles reacted in simulated flash converting conditions [J]. Scandinavian Journal of Metallurgy, 1994, 23 (1): 30-36.

[169] Morgan G J, Brimacombe J K. Kinetics of the flash converting of MK (chalcocite) concentrate [J]. Metallurgical and Materials Transactions B, 1996, 27 (2): 163-175.

[170] Shook Andrew A. Flash converting of chalcocite concentrate: A study of the flame [D]. Vancouver: The University of British Columbia, 1992.

[171] Shook A A, Richards G G, Brimacombe J K. Mathematical model of chalcocite particle combustion [J]. Metallurgical and Materials Transactions B, 1995, 26 (4): 719-729.

[172] 马奇, 刘庆国, 葛哲令, 等. 闪速吹炼技术的实践与改进 [J]. 中国有色冶金，2010, 39 (4): 9-12.

[173] 周俊, 孙来胜, 孟凡伟, 等. 铜陵新建闪速熔炼—闪速吹炼项目概述 [J]. 有色金属（冶炼部分），2013 (2): 5-9.

[174] 孟凡伟. 金冠铜业闪速吹炼试生产实践 [J]. 有色冶金设计与研究，2015, 36 (5): 25-27.

[175] 姚素平. "双闪" 铜冶炼工艺在中国的优化和改进 [J]. 有色金属 (冶炼部分), 2008 (6): 9-11, 14.

[176] 万爱东, 郭万书, 张更生, 等. 广西金川公司铜 "双闪" 冶炼技术及试生产实践 [J]. 有色金属 (冶炼部分), 2015 (9): 1-5.

[177] 万爱东, 郭万书, 张更生, 等. 广西金川公司闪速吹炼炉特点及生产运行实践 [J]. 有色设备, 2017 (1): 52-57.

[178] Takeda Yoichi, Ishiwata Shoji, Yazawa Akira. Distribution equilibria of minor elements between liquid copper and calcium ferrite slag [J]. Transactions of the Japan Institute of Metals, 1983, 24 (7): 518-528.

[179] 黄金堤, 李静, 童长仁, 等. 废杂铜精炼过程中动态多元多相平衡热力学模型 [J]. 中国有色金属学报, 2015, 25 (12): 3513-3522.

[180] Nagamori M, Chaubal P C. Thermodynamics of copper matte converting: Part III. Steady-state volatilization of Au, Ag, Pb, Zn, Ni, Se, Te, Bi, Sb, and As from slag, matte, and metallic copper [J]. J. Electron. Mater., 1991, 20 (12): 319-329.

[181] Ueda Shigeru, Yamaguchi Katsunori, Takeda Yoichi. Phase equilibrium and activities of Fe-S-O melts [J]. Materials Transactions, 2008, 49 (3): 572-578.

[182] Takeda Yoichi. Copper solubility in SiO_2-CaO-FeO_x slag equilibrated with matte [J]. High Temperature Materials & Processes, 2001, 20 (3-4): 279-284.

[183] Yamaguchi Katsunori, Ueda Shigeru, Takeda Yoichi. Phase equilibrium and thermodynamic properties of SiO_2-CaO-FeO_x slags for copper smelting-research achievements of Professor Yoichi Takeda [J]. Scandinavian Journal of Metallurgy, 2005, 34 (2): 164-174.

[184] Henao Hector M, Itagaki Kimio. Activity and activity coefficient of iron oxides in the liquid FeO-Fe_2O_3-CaO-SiO_2 slag systems at intermediate oxygen partial pressures [J]. Metallurgical & Materials Transactions B, 2007, 38 (5): 769-780.

[185] Björkman Bo, Eriksson Gunnar. Quantitative equilibrium calculations on conventional copper smelting and converting [J]. Canadian Metallurgical Quarterly, 1982, 21 (4): 329-337.

[186] Paulina L, Swinbourne D R, Kho T S. Distribution of bismuth between copper and FeO_x-CaO-SiO_2 slags under copper converting conditions [J]. Mineral Processing & Extractive Metallurgy, 2013, 122 (2): 79-86.

[187] Teague K C, Swinbourne D R, Jahanshahi S. A thermodynamic study on cobalt containing calcium ferrite and calcium iron silicate slags at 1573 K [J]. Metallurgical & Materials Transactions B, 2001, 32 (1): 47-54.

[188] Hall Lewis D. The vapor pressure of gold and the activities of gold in gold-copper solid solutions [J]. Journal of the American Chemical Society, 1951, 73 (2): 757-760.

[189] Swinbourne D R, Yazawa A, Barbante G G. Thermodynamic modeling of selenide matte converting [J]. Metallurgical & Materials Transactions B, 1997, 28 (5): 811-819.

[190] Nagamori M, Chaubal P C. Thermodynamics of copper matte converting: Part IV. A priori predictions of the behavior of Au, Ag, Pb, Zn, Ni, Se, Te, Bi, Sb, and As in the noranda process reactor [J]. Metall. Trans. B, 1982, 13 (3): 331-338.

[191] Davenport W G, King M, Schlesinger M, et al. Extractive Metallurgy of Copper [M]. London: Pergamon Press, 2002: 131-171.

[192] 彭容秋. 铜冶金 [M]. 长沙: 中南大学出版社, 2004: 443-482.